365 SEX POSITIONS

섹스 포지션

365 섹스 포지션

발행일 2021년 6월 21일 초판 1쇄 발행
지은이 리자 스윗
옮긴이 엄성수
발행인 강학경
발행처 시그마북스 Sigma Books
등록번호 제10-965호
주소 서울특별시 영등포구 양평로 22길 21 선유도코오롱디지털타워 A402호
전자우편 sigmabooks@spress.co.kr
홈페이지 http://www.sigmabooks.co.kr
전화 (02) 2062-5288~9
팩시밀리 (02) 323-4197
ISBN 979-11-91307-43-6 (03590)

파본은 구매하신 서점에서 교환해드립니다.

* 시그마북스는 (주) 시그마프레스의 자매회사로 일반 단행본 전문 출판사입니다.

365 SEX POSITIONS

섹스 포지션

리자 스윗 지음 | 엄성수 옮김

시그마북스
Sigma Books

부족의 리듬 1

여자의 모든 것을 볼 수 있고, 모든 동작을 지배할 수 있어
남자가 좋아할 체위다.

2 전차

여자는 남자의 손에 쾌락을 맡기게 된다. 남자는 여자의 두 다리를
높이 들어 올려 여자의 엉덩이를 마음대로 만질 수도 있고,
두 다리를 낮춰 자신의 성기를 천천히 내리누를 수도 있다.

언덕 오르기 3

이 체위에서 쾌락의 절정에 도달하는 것은 줄타기처럼 어려울 수도 있는데,
그건 여자의 히프가 평소보다 높은 위치에 있어
절정에 도달하기 전에 결합됐던 성기가 빠질 수도 있기 때문이다.

4 가장자리

침대와 소파 등을 조정해 여자의 골반이 적절한 각도를 유지하게 함으로써,
강렬하면서도 에로틱한 상하 운동이 가능해진다. 이 체위에서는
남자의 동작 하나하나가 여자의 몸을 짜릿하게 자극한다.

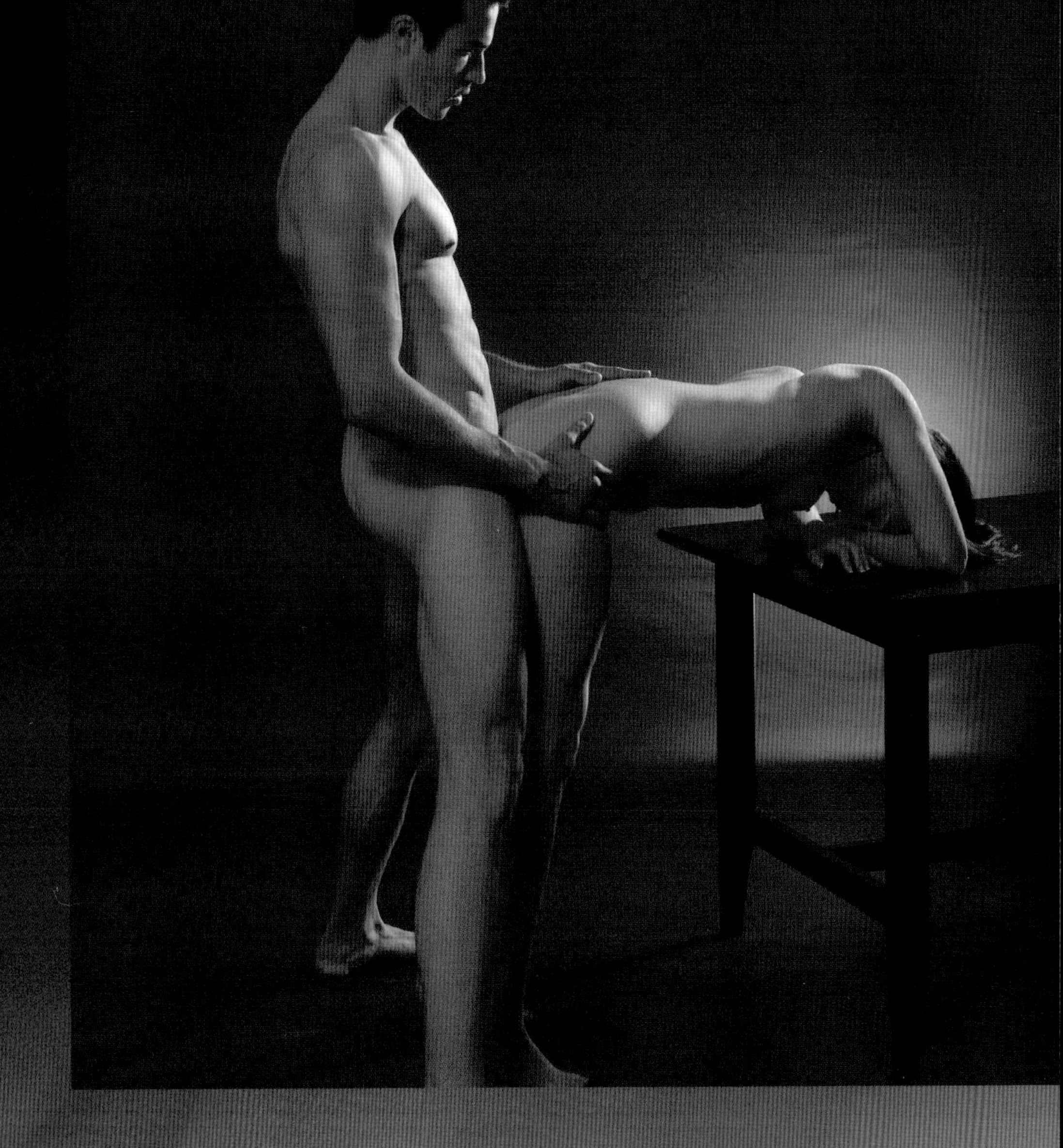

까꿍 놀이 5

여자가 몸을 숙이면 남자가 뒤에서 성기를 밀어 넣는다.
여자는 절정에 도달하면서
몰래 훔쳐보는 듯한 스릴을 느낄 수 있다.

6 행복한 산길

이 체위에서는 여자의 엉덩이와 다리, 히프가 핵심이며,
남자는 미칠 듯한 쾌감을 맛보게 된다.

날개를 편 독수리 7

여자가 남자에게 완전히 몸을 맡기는 체위다.
그러나 여자는 두 다리를 활짝 벌리고 있어 하체를 밀어 마찰하는 게
쉽지 않지만, 손을 이용해 스스로 절정에 도달할 수 있다.

8 서커스

여자가 입이 떡 벌어질 정도로 몸을 뒤틀고 돌림으로써,
남녀 모두 다이내믹한 섹스를 즐길 수 있으며,
두 번, 세 번, 네 번 계속 돌게 될 수도 있다.

라푼젤 

이 동화 같은 체위에서 긴 머리의 공주가 몸을 활처럼 뒤로 젖히면,
그 긴 머릿결이 남자의 허벅지와 발 위에서 찰랑거리게 된다.

10 고양이의 요람

여자가 두 발로 남자의 가슴을 밀었다 당겼다 하는 체위로,
여자가 자신이 원하는 방향으로 정확히 남자를 이끌어
자신의 가장 민감한 부위들을 전부 건들게 할 수 있다.

물구나무서기 11

남자를 미치게 할 수 있는 아주 자극적인 체위다.
다만 남자가 막판에 두 팔에 힘이 빠져
바닥에 원치 않는 헤딩을 하지 않게 조심해야 한다.

12 관찰자

여자보다 남자가 시각적으로 더 흥분하게 된다.
한쪽 다리를 들어 올려 위에서 편히 내려다볼 수 있기 때문에,
쾌감을 전혀 잃지 않으면서 여자의 행동을 다 지켜볼 수 있다.

엉덩이 쇼 13

꿈틀대는 여자의 엉덩이를 적나라하게 볼 수 있어,
남자는 결승선까지 남은 거리를 기분 좋게 달릴 수 있다.

14 나른한 다리들

시각적인 즐거움을 주는 체위로, 마스터하기 아주 쉽다.
어디든 적당한 장소만 있으면
큰 에너지를 소모하지 않고도 절정을 느낄 수 있다.

웅크린 호랑이 15

여자가 입으로 남자를 거칠게 밀어붙일수록
남자의 성기는 용처럼 큰 소리로 포효하게 된다.
용이 내뿜는 불길과 날카로운 송곳니들을 조심하라.

16 짜릿한 슬라이드

두 사람이 서로 몸을 더 거칠게 마찰시키기 더없이 좋은 체위다.
너무 심하게 비벼대 살이 타지 않게 조심하라.

비틀며 소리 지르기 17

이 체위의 핵심 동작은 여자가 몸을 위아래로 움직이는 게 아니라,
앞뒤로 비트는 것이다. 남자는 서서히 깊은 쾌락에 빠져들게 된다.

18 시소 타기

남녀가 협력해 몸을 비빔으로써 섹스 동작을 분담할 수 있다.
한 사람은 위로 앞으로 밀고, 다른 한 사람은 아래로 뒤로 민다.
그런 팀워크를 통해 쾌감이 배가된다.

프리스타일 19

남자는 여자의 동작에 따라 옆으로 흔들 수도 있고 위아래로 흔들 수도 있다.
여자가 몸을 밀어온다면 현재의 동작이 마음에 드는 것이다.
그러나 여자가 몸을 뺀다면 다른 동작을 취해야 한다.

20 숙녀 먼저

두 사람이 함께 쾌감을 느끼기에 앞서,
남자가 여자에게 먼저 쾌감을 오롯이 느낄 수 있도록 집중함으로써
여자는 여러 차례 오르가슴을 맛볼 수 있다.

구르기 21

완벽한 삽입 각도를 찾기 위해
짐볼 위에서 이런저런 체위들을 취해본다.

22 추잡한 거북

이 자세는 천천히 진행되는 체위가 아니다.
여자의 아래쪽이 한눈에 보이는데다 여자가 입으로 성기를 애무해주어,
남자가 바로 절정에 도달하게 되기 때문이다.

투석기 23

여자는 몸이 공중에 떠올라 하늘을 나는 듯한 기분이 되지만,
이 체위에서 진짜 날아오르는 것은 그녀의 희열뿐이다.

24 랩 댄스

보다 빠르고 격렬한 쾌감을 위해,
여자는 남자 쪽으로 몸을 낮춘 뒤
느낌에 따라 적극적으로 몸을 돌려댈 수 있다.

고전 25

여자가 입으로 남자의 성기를 빨아주는 고전적인 오럴 체위다.
남자가 동작을 지배하는 동안, 여자는 두 손으로
남자의 몸을 애무해 등골 오싹한 쾌감을 안겨주게 된다.

26 푹 담그기

남자는 빈 공간을 활용해 여자 몸속으로 더 깊이 삽입할 수 있다.
여자는 바닥을 짚은 한쪽 발로 몸을 밀어 올려 남자의 몸을 중간에서 맞이할 수 있고,
그 결과 더 깊은 삽입이 가능해져 짜릿한 마찰을 즐기게 된다.

파워 펌퍼 27

여자 쪽에서 깊은 삽입과 얕은 삽입을 조정할 수 있는 체위다.
그러나 여자가 자세를 제대로 취하고 등을 똑바로 세워야
삽입된 남자의 성기가 빠지지 않는다.

28 한쪽 다리 세우기

남자의 성기가 황소처럼 크지 않다면,
여자는 두 다리를 활짝 벌린 채 한쪽 다리를 똑바로 세워야 한다.
그래야 남자가 보다 쉽게 성기를 삽입할 수 있다.

안락의자 29

대부분의 여성 상위 체위들과는 달리, 여자가 지배하는 게 아니다.
남자가 대부분의 상하 피스톤 운동을 하기 때문에,
여자는 몸의 균형을 잘 잡아야 하며, 그래야 편안히 앉아
기분 좋게 남자의 피스톤 운동에 집중할 수 있다.

30 어깨 권총 케이스

여자는 두 다리를 꽉 오므려 감각들을 조일 수도 있고,
두 다리를 쫙 벌려 남자가 모든 동작을 잘 볼 수 있게 해줄 수도 있다.
그리고 어느 쪽을 선택하든, 자신의 지스폿에 뜨겁고 끈적한 자극을 줄 수 있다.

공놀이 31

약간의 오프사이드 플레이를 할 수 있는 체위다.
남자의 성기를 입으로 애무하면서 동시에 손으로
남자의 고환들을 만져 쾌감을 배가시킬 수 있다.

32 근접 상봉

가만히 앉아 있으니 별로 자극적이지 않은 체위처럼 보일지 모르지만,
뜻밖에도 남녀가 친밀하면서도 여유 있고
로맨틱한 성관계를 하고 싶을 때 더없이 좋은 체위다.

연꽃 33

여자가 가부좌를 틀고 앉음으로써
섹스 행위 자체가 보다 높은 영적 차원으로 승화돼,
이 세상 오르가슴이 아닌 듯한 특별한 오르가슴을 맛보게 된다.

34 컵

이 체위에서는 남자가 하체를 흔들 때
여자의 목을 받쳐주어야 한다.

깊이 35

여자가 두 다리를 높이 들수록 남자는 더 깊이 삽입할 수 있다.
게다가 여자는 두 다리로 남자를 끌어당겨 더 깊이 삽입되게 할 수 있다.
부드러운 움직임만으로도 곧 두 사람 모두 절정에 달해 숨을 헐떡이게 된다.

36 백조 다이빙

여자의 온몸이 남자의 몸을 덮으면
남자는 완전히 여자에게 둘러싸이게 되며,
매 순간순간을 즐기게 된다.

미친 고양이 37

남자의 힘이 강할수록 여자의 성기는 이른바
삽입 정렬 기법(Coital Alignment Technique, 줄여서 CAT라고 함)에 의해
높이 들려져 중력을 거슬러 꿈틀거리게 된다. 그리고 성기 부분의
마찰로 인한 쾌감으로 여자는 곧 고양이처럼 가르랑거리게 된다.

38 오늘의 여왕

여자는 엉덩이를 앞뒤로 문지르거나 좌우로 흔들거나 위아래로 움직이는 등
예상할 수 없게 움직여 남자를 애태울 수도 있고 미치게 할 수도 있다.
남자는 여자가 어떻게 움직일지 몰라 큰 기대 속에 가만히 앉아 있게 된다.

데이지 화환 39

남녀가 서로 키스를 하고 껴안고 애무를 하다가,
잠시 후 여자가 남자의 등을 어루만져 애를 태우고 흥분시키고,
남자는 서서히 손을 밑으로 내려 여자를 오르가슴에 몰아넣는다.

40 파도

여자는 광적인 스포츠팬이 아닌가 싶을 만큼 열정적으로
상체를 좌우로 막 흔들어대며, 그로 인해 생겨나는 특별한 감각들로 인해
남자의 부드러운 직선 타구가 기록을 깨는 가슴 벅찬 홈런으로 변하게 된다.

깜짝 파티 41

이 체위는 뭔가 묘한 매력이 있다.
남녀 모두 두 손을 이용해 뭔가를 할 수 있지만,
상대가 다음에 또 어떤 행동을 할지 알 수 없기 때문이다.

42 해먹

이 체위를 할 수 있는 여자는 몇 안 된다.
여자가 강한 목을 갖고 있거나 체조로 단련되어 있어야 하며,
아니면 두 조건을 다 갖추고 있어야 하기 때문이다.

발사 43

정말 폭발적인 쇼를 원하는가?
이 체위야말로 두 사람 모두에게
아주 볼만한 불꽃놀이를 보게 해줄 것이다.

44 섹시 삼바

이 체위에서 여자는 몸의 균형을 유지하려 애쓸 필요가 없다.
그저 긴장을 풀고 편하게 모든 것을 남자에게 맡긴 채
남자의 뜨거운 움직임에 더 집중하면 된다.

밀림 열 45

단순히 몸을 앞으로 숙이는 것부터가 뜨겁고 원시적이다.
실외에서라면 특히 더 그렇다. 그런데 더욱이
남자가 뒤에서 여자의 히프를 잡고 삽입을 한다면 어떻겠는가?
그야말로 타잔이 제인을 만난 것처럼 짜릿한 순간이 될 것이다.

46 야생 체리

여자가 두 팔을 머리 위로 올린 채 누워 있으면,
남자는 두 손으로 또는 혀로 여자의 온몸에 키스를 하고
애무를 하면서 성적 쾌감을 배가하게 된다.

육욕의 마차 47

남자는 튼튼한 의자의 등받이 덕에,
여자가 자기 몸을 남자의 사타구니 쪽으로 밀어 넣을 때
여자의 체중을 오롯이 지탱할 수 있다.

48 앉아 있는 황소

보기보다 쉬운 체위다.
이 체위는 별로 어렵지 않지만 각도가 옆으로 틀어져 있어
상당한 흥분과 성적 긴장감을 자아낸다는 장점이 있다.

암소 49

아주 깊숙이 삽입되는 체위로,
여자는 자신의 골반 근육을 조였다 풀었다 해
남자를 전율케 할 수 있다(이 체위를 시도하기 전에 요가를 배우면 더 좋다).

50 구부정하게 쭈그려 앉기

균형을 잡기 힘든 체위지만, 여자의 경우
팔다리를 이용해 마음대로 움직일 수 있기 때문에
속도와 각도, 움직임을 상당히 지배할 수 있다.

반듯이 눕기 51

초보자들에게 좋은 체위로,
남자가 마음대로 섹스를 이끌어 갈 수 있다.

52 뒤집기

남자가 두 다리를 여자의 두 다리 사이에 밀어 넣은 상태여서
마음껏 움직일 수가 없다. 그래서 남자는 잽싼 피스톤 운동을 하게 되며,
그 결과 신경이 밀집된 여자의 성기 바로 안쪽 부위로 쾌감이 전달된다.

양다리 걸치기 53

남자가 손가락과 혀를 동시에 이용할 수 있어,
여자는 곧 심장이 터질 듯한 광란 속으로 빠져들게 된다.

54 아름다운 활

이 체위는 여자에게 힘들지만, 보너스가 있다.
몸이 휘어져 사타구니에 강한 압력이 가해지는 데다가,
몸이 거꾸로 뒤집혀 있어 바로 오르가슴에 도달하게 되는 것이다.

포옹 55

이 체위의 키포인트는 친밀하고 사랑스러운 접촉이다.
정말 친밀한데 더 친밀해지고 싶은 커플에게 더없이 좋은 체위다.

56 티스푼들

단순해 보이는 이 체위는 얕게 삽입한 상태에서
성기 바깥쪽 가장자리 부위(남녀 모두의 신경 말단들이 몰려 있다)를
자극하는 데 더없이 좋다.

테이크아웃 57

시간적 여유가 없을 때 선택할 수 있는 체위로,
빠른 동작으로 최대한 빠른 시간에 오르가슴에 도달하게 된다.

58 바디 부스터

이 체위에서 남자는 새로운 높이로 뒤쪽에서 삽입해 빡빡함을 느끼게 된다.
단, 남자의 사타구니를 살짝 들어 올려 압박감을 덜어줌으로써
빠르고 격렬한 움직임 대신 보다 신중한 움직임을 하게 된다.

잠자는 미녀 59

남자가 뒤쪽으로 삽입할 때, 여자는 아마 이렇게 속삭일 것이다.
"아, 내 왕자님이 오셨네!" 여자는 그러면서 몸을 뒤틀 것이며,
자신을 평생 행복하게 해줄 왕자님의 키스를 기다릴 것이다.

60 풍차

여자가 두 다리를 쭉 편 채 남자의 무릎 위에 앉으면,
남자는 보다 직접적인 삽입으로 더 깊고 충만하고 짜릿한 기분을 느끼게 할 것이다.
상체를 좀 더 밀착시켜 둘만의 은밀한 움직임을 나누는 것도 나쁠 것은 없을 것이다.

테더볼 61

이 음란하고 기이한 체위는 남녀 모두에게 에로틱한 기분을 안겨줄 것이다.
두 사람은 두 팔과 다리로 서로를 밀고 당기면서
서로의 격정에 불을 댕길 수 있다.

62 밀어대며 비벼대기

여자는 서서히 타오르는 랩 댄스를 프로 댄서처럼 잘 출 필요는 없다. 몸을 아래로 마구 밀어대 남자로 하여금 미친 듯이 하체를 돌리게 할 정도의 허벅지 근육만 있으면 된다. 신나게 비벼보자.

엉덩이 잡는 69 자세 63

여자가 아주 흥분되는 체위다. 여성 상위 체위여서
한편으로는 남자를 지배하고, 다른 한편으로는 엉덩이 쪽에
남자의 강한 애무를 느낄 수 있기 때문이다.

64 두 배의 짜릿함

밤새 섹스를 하려는 남녀의 체위는 아니며, 그럴 수도 없다.
남녀 모두 얼굴이 아래로 향해 피가 쏠리기 때문에
피스톤 운동을 할 때마다 아주 짜릿한 쾌감을 맛보게 된다.

오토만 황제 65

여자는 자세가 불안정해 모든 것을 뒤에서 붙들고 있는
남자의 처분에 맡겨야 하기 때문에, 남자는 마치
자신의 첩을 마음대로 지배하는 황제의 기분을 맛보게 된다.

66 여유 즐기기

중력을 거스르는 곡예처럼 스릴이 넘치는 체위로,
남자는 무릎을 꿇고 앉아 자신의 성기가 여자의 몸속으로
들어갔다 나왔다 하는 것을 지켜보는 기쁨을 맛볼 수 있다.

여성 상위 67

여자는 섹스의 강도와 속도를 마음대로 조정할 수 있어
여성 상위 체위를 좋아한다. 남자 역시 여성 상위 체위를 좋아하는데,
가만히 누워 편안히 관능적인 쇼를 즐기면 되기 때문이다.

68 멋진 떨림

바이브레이터를 켜라. 성인용품의 도움을 받으면 여자에게 쉽게 오르가슴을 안겨줄 수 있다. 여자는 그저 편안히 누워 있으면, 남자가 마술 지팡이를 가지고 온갖 쾌감을 안겨줄 것이다.

사랑의 원 69

남자는 가만히 있고 여자가 히프를 시계 방향으로 돌리다
시계 반대 방향으로 돌리는 동작을 몇 초 간격으로 되풀이한다.
그렇게 원을 그리는 게 섹스에 짜릿함을 더하게 된다.

70 가득 채우기

이 체위에서 남자는 속으로 쾌감을 느끼는 것 외에는 할 일이 없다.
그저 가만히 누워 쇼를 즐기기만 하면 된다.

파고들기 71

뚫고 또 뚫어라. 아주 강렬한 삽입을 하는 이 체위에서 두 사람은
환희의 소리를 지르게 된다. 여자는 두 다리로 남자를 꽉 조일 수 있어,
피스톤 운동을 원하는 리듬에 맞춰 조절할 수 있다.

72 오버타임

아주 여유 있게 즐길 수 있는 체위다. 여자는 편히 누워 지스폿 자극을 좀 더 음미할 수 있고, 남자는 두 손을 이용해 여자의 성기를 애무하거나 입으로 여자의 발가락을 간질일 수 있다.

엉큼한 여자 73

여자는 꽉 조인 자신의 허벅지 사이로 손을 뻗어
자신의 성기를 자극함으로써 쾌감을 배가시킬 수 있다.

74 거꾸로

이 체위에서 많은 것을 느끼기 위해 남자는 두 가지만 하면 된다.
눕고, 쾌감을 느끼는 것이다. 단, 남자가 다리를 조금 내려서
여자의 자세를 낮춰줄 수도 있다.

안정되게 75

등 뒤에 안정된 물체를 갖다 놓고 기댐으로써,
여자가 남자의 몸 위에서 아무리 몸부림을 쳐도
굴러떨어지지 않게 할 수 있다.

76 레슬링 마니아

다소 거친 섹스 역할극을 하느라
굳이 남자가 여자의 팔을 꺾지 않아도 된다.
뒤에서 삽입을 하는 그 자체만으로도 성적 자극이 더없이 크다.

삽입 정렬 기법 77

여자의 엉덩이에 방석을 깔아 남자가 원래의 여자 몸보다
몇 센티미터 위에서 삽입해 피스톤 운동을 하기 때문에,
전형적인 남성 상위 체위가 삽입 정렬 기법 체위로 바뀌며,
그 결과 여자는 만족감에 고양이처럼 가르랑거리게 된다.

78 컬즈

남자가 자신의 성기보다 무쇠 같은 두 팔을 쓰고 싶은 경우, 뒤로 기대 앉아 여자의 몸을 위아래로 감아 올려주며 히프를 빙빙 돌림으로써 성적 쾌감을 극대화할 수 있다.

2인 3각 경주 79

이 체위에서는 여자가 한쪽 다리를 들어 올림으로써
두 가지 짜릿한 이점을 누릴 수 있다. 첫째 피스톤 운동이 더 쉬워지고,
남녀 모두 손을 내려 손가락으로 서로의 성기를 애무할 수도 있다.

80 미끄러져 사라지기

남자는 여자의 몸 앞쪽에 윤활유를 바르고
온몸을 아래위로 마사지하듯 문지름으로써
여자가 빨리 삽입해달라고 애원하게 만들 수 있다.

두 손이 묶인 노리개 81

여자는 남자의 두 손을 묶고 그 위로 올라감으로써,
남자를 자신의 욕정을 풀기 위한 노리개로 만들 수 있다.

82 낚시꾼

앞뒤로 흔들리는 여자의 한쪽 다리가 오르가슴을 낚는 미끼가 된다.
여자가 그 미끼를 넓게 던질수록 클라이맥스도 더 커진다.

개선문 83

뒤틀린 포즈 때문에 쾌감은 오롯이 여자의 몫이다.
여자는 최대한 등을 밀어 올려 구부림으로써 더 팽팽하게 조여지며,
남자는 한 손으로 편히 애무할 수 있다.

84 해파리

여자가 두 다리를 살짝 조이면 남자의 쾌감을 높일 수 있다.
가뜩이나 삽입이 빡빡하게 되는 체위인데,
여자가 두 다리로 조임으로써 더 깊이 삽입되기 때문이다.

교차된 스푼들 85

남녀가 스푼 스타일을 취할 경우 피스톤 운동이 잘되지 않지만,
이 체위는 그렇지 않다. 삽입 상태를 유지하기 위해서 남자는
히프를 위로 올리고 큰 피스톤 운동 대신 조금씩 움직여야 한다.

86 뒤집힌 스푼

여자는 살과 살을 비벼대면서 섹스뿐만 아니라 키스와 애무,
대화를 하면서 남자에게 짜릿한 황홀감을 안겨줄 수 있다.

들고 서비스하기 87

서서 하는 섹스가 이보다 쉬울 수는 없다.
이 체위에서는 여자가 삽입을 위해
굳이 한쪽 다리를 높이 들지 않아도 된다.

88 버티기

여자가 한 다리를 남자의 어깨 위에 걸치는 이 체위는
남자의 입장에서는 여자의 성기에 다가가기 더 좋으며,
여자의 입장에서는 자극이 심해 다리에 힘이 풀려도 균형을 잡기 더 쉽다.

다리 올리기 89

남자가 자신의 근육을 테스트하기 좋은 체위다.
여자가 섹스를 할 수 있게 한쪽 다리를 계속 들고 있어야 하기 때문이다.

90 백업

전혀 새로운 삽입 각도로, 남자는 여자가 엉덩이를 돌리는 섹시한 모습을 적나라하게 볼 수 있어 새로운 쾌감을 맛볼 수 있다. 남자에게 더없이 멋진 경험이 될 것이다.

마라톤 91

여자는 더 깊은 삽입을 위해 두 다리로 남자의 히프 부분을 꽉 조이면서 골반 저부의 근육을 써야 한다. 이런 상태에서 피스톤 운동을 할 때 마찰이 황홀할 정도로 강해진다.

92 하늘을 나는 X

남녀의 몸이 열십자로 엉키고 중력을 거스르는 듯한 체위다.
제대로 마스터할 수만 있다면 남녀 모두 등골이 오싹해지고
하늘을 나는 듯한 오르가슴을 맛보게 된다.

포고 놀이 93

이 체위에서 남자는 여자의 몸을 떠받친 채
삽입이 제대로 될 수 있는 자세를 유지하려 애쓰게 되며,
여자는 침대에 두 발을 디딘 채 몸을 위아래로 움직여 남자를 돕게 된다.

94 날뛰는 야생마

길길이 날뛰는 야생마에 올라타 내달리는 기분을
맛볼 수 있는 체위로, 남녀 모두 안정된 리듬감을 유지하면서
오르가슴을 향해 전력 질주하게 된다. 이랴! 이랴!

골드 스탠다드 95

남자의 입장에서 최고의 오럴 섹스라 할 만한 체위다.
여자는 편한 자세에서 다양한 각도로 머리를 위아래로 움직이며
펠라티오를 할 수 있고, 남자는 그냥 누워서 즐기기만 하면 된다.

96 트윈 픽스

하체를 부딪고 비비면서 애무까지 하면 쾌감이 두 배로 늘어,
여자는 이 세상 오르가슴이 아닌 새로운 오르가슴을 맛보게 된다.

풀 스로틀 97

이 체위에서는 여자가 남자를 얼마나 빨리 사정에 이르게 할 것인지 등 모든 것을 주도한다. 남자는 그저 모든 것을 여자 손에 맡기면 된다.

98 해적의 노획물

일단 남자의 성기가 삽입되면 여자는 남자의 몸 위에서 구름 위를 걷는 기분이 된다. 그리고 골반을 살짝 틀어 조금만 더 깊이 삽입되게 해도, 남자의 성기가 자신의 보물함을 꽉 채우는 듯한 기분이 된다.

바이스 그립 99

이 체위에서는 남자의 두 팔이 여자의 두 다리 바깥쪽으로 나가게 된다.
여자는 여기를 조이고 저기를 쑤셔대는 쾌감에 전율하게 되며,
결국에는 걷잡을 수 없고 숨 막힐 듯한 절정을 맛보게 된다.

100 뒤틀린 8자

오르가슴의 강도를 최대한 끌어올리기 위해 남녀 모두 점점 벌어지는 8자 동작을 취하게 되며, 남자는 오랜 시간 에로틱한 애무를 하면서 점점 더 여자의 몸 깊숙이 성기를 삽입한 채 몸을 비벼대게 된다.

짐볼 후배위 101

그 어떤 후배위도 짐볼을 이용한 이 체위보다 즐겁고 편할 수 없다.
여자는 매트리스에 얼굴을 파묻거나 카펫 위에서 무릎이 까질 필요 없이,
부드럽고 탱탱한 짐볼 위에 무릎 꿇고 앉아 짐볼의 탄력을 즐길 수 있다.

102 서로 애태우기

더없이 친밀한 이 체위에서 여자는
남자의 흥분을 서서히 끌어올리면서,
서로 깊은 눈 맞춤과 열정적인 키스도 할 수 있다.

트램펄린 103

남자가 강한 심장과 팔을 갖고 있을 때 시도할 수 있는 활력 넘치는 체위다.
여자는 너무 세게 남자의 사타구니를 짓누르지 않으면서
남자의 탄력을 끊어버리지 않도록 조심해야 한다.

104 크로스오버

여자는 두 허벅지로 남자를 꽉 조임으로써 피스톤 운동의 속도와 세기를 원하는 대로 조절할 수 있고, 남자는 자유로운 두 손으로 여자를 간질이고 애태우고 고문할 수 있다(가장 멋진 방법들로).

외설스러운 엉덩이 105

이 체위에서 남자는 최대한 깊숙이 삽입한 상태에서
여자의 뒷 자태까지 볼 수 있는 이중 행운을 누릴 수 있다.
따라서 움직이는 데 제약이 좀 따르는 것은 별 문제가 되지 못한다.

106 옆으로 누운 남자

남자는 옆으로 느긋하게 누워 움직임을 최소화하게 되며,
여자는 모든 동작을 주도하면서 쾌감을 만끽할 수 있는 체위다.

시야에서 사라지기 107

여자가 누워 있는 동안 남자는 더없이 멋진 풍경을 보게 된다.
이 체위에서 남자는 여자가 자신의 성기를 애무하는 모습을 보면서
동시에 굴곡진 몸매도 볼 수 있다.

108 쭉 뻗기

보기와 달리 아주 적극적인 체위다.
남자가 히프를 이용해 여자를 들어 올렸다 내렸다 할 때
보조를 맞추려면 여자에게도 강한 팔 힘이 필요하다.

태양 숭배 109

요가 스트레칭 동작들을 섹스에 접목시키면
커플 간에 에로틱한 분위기가 더해지고 세속적인 희열이 배가된다.
필요하면 심호흡을 해보라.

110 가장자리

남자가 여자의 몸을 좀 더 앞으로 밀어붙이면,
여자는 점점 더 머리가 아래로 내려가게 되며,
그러면서 점점 더 황홀경의 가장자리로 다가가게 된다.

닻 111

아주 창의적인 체위 중 하나다. 강력한 마찰이 가능해
균형만 제대로 잡으면 오랜 시간 쾌감을 맛볼 수 있다.
그러나 위험을 무릅쓴 보상을 받으려면 팔 힘이 아주 좋아야 한다.

112 숫처녀

여자의 두 다리가 남자의 한쪽 어깨에 걸쳐진 상태에서
피스톤 운동이 이루어지는 체위다.
섹스를 처음 한 숫처녀처럼 빡빡한 느낌이 든다.

터치 앤 고 113

여자가 남자 몸 위에서 옆으로 앉아 있는 체위다.
남자는 편히 누워 여자의 사타구니에 손을 넣어 애무할 수 있으며,
그 바람에 여자는 말로 표현 못할 쾌감을 느끼게 된다.

114 미끄러운 비탈길

마음껏 오르가슴을 맛볼 수 있는 기회다.
이 체위를 택하는 순간 아주 평범한 정상위에서
극도로 에로틱한 후배위로 들어가게 된다.

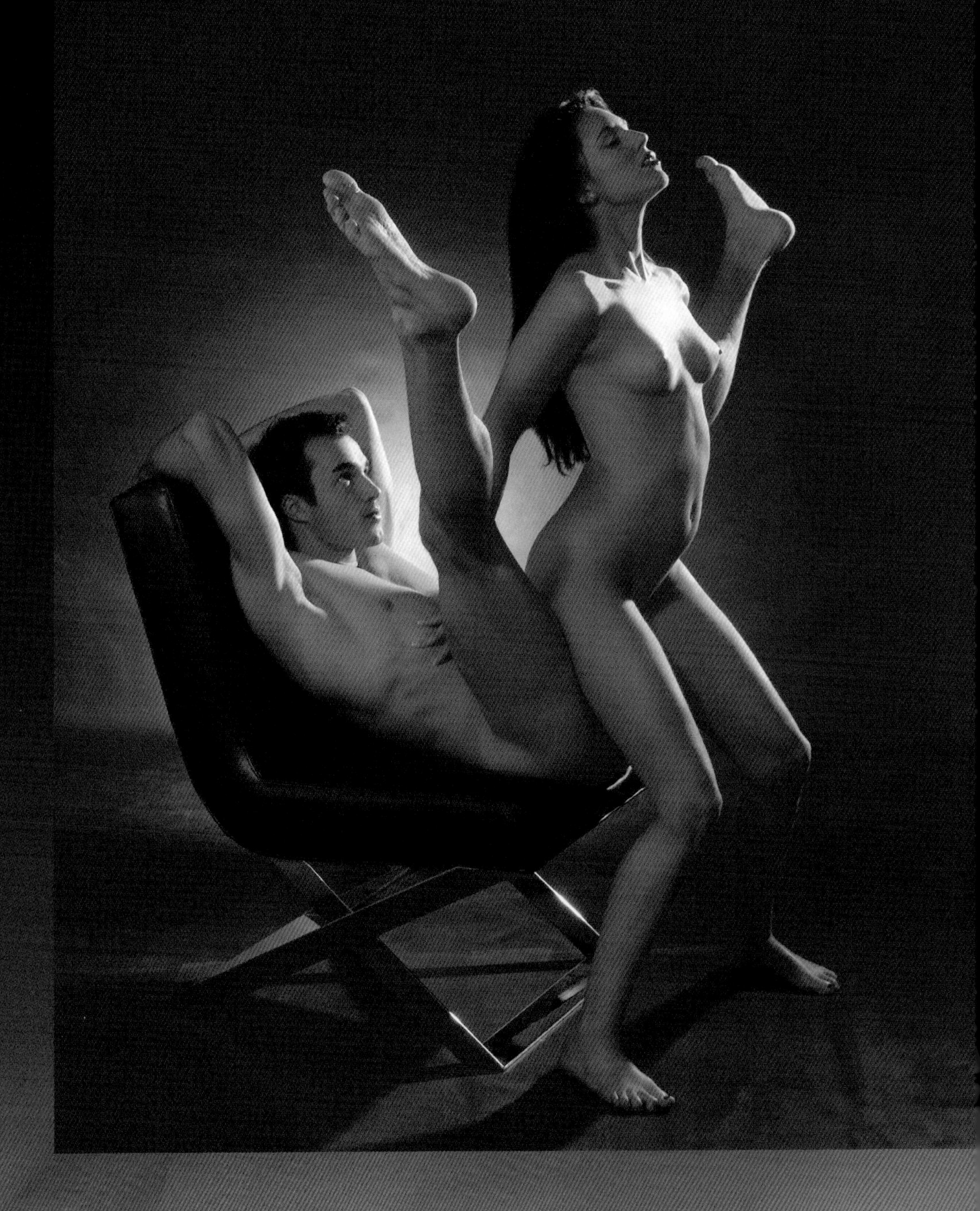

당신 아빠가 누구야? 115

남자는 두 다리를 쫙 벌리고 있어 왠지 무력감 같은 것을 느끼게 되지만,
여자는 자신이 원하는 대로 과감히 즐길 수 있으며, 가끔 남자의 허벅지 안쪽을
손바닥으로 때리면서 누가 주인인지 상기시켜줄 수 있다.

116 경사로

얼핏 보면 여자는 그저 엎드려 여행을 즐기고 있는 것 같지만,
침대 끄트머리에 무릎을 대고 있어 두 다리를 올렸다 내렸다 함으로써
삽입 각도와 깊이를 쉽게 조절할 수 있다.

미끄럼틀 117

마스터하기 쉽지 않지만 한 번 시도해볼 만한 체위다.
피가 아래로 몰려 흥분도가 아주 높아진다.
여자가 남들에게 설명하기 민망한 부상을 당하지 않으려면,
남자의 두 발로 여자의 목을 잘 받쳐주어야 한다.

118 불가사리

여자가 두 다리를 쫙 벌리고 엎드려 있는 상태여서,
남자는 여자의 자궁경부를 찌를 걱정 없이
두 사람이 모두 원하는 만큼 깊이 삽입할 수 있다.

이륙 119

남자가 두 다리를 넓게 벌려 바닥을 짚고 있기 때문에
여자는 이 불안정해 보이는 상태에서도 삽입을 유지할 수 있으며,
튕겨져 나갈 걱정 없이 짐볼의 탄력을 즐길 수 있다.

120 뺄리에

여자가 두 다리를 쫙 벌린 상태로 앉아 모든 것을 이끌 수 있으며,
따라서 남자는 바로 여자의 아방궁 속으로 들어가지 않고
잠시 그 근처에서 시간을 보낼 수 있다.

돌아온 후배위 121

전통적인 후배위를 약간 변형한 이 체위에서는
여자가 몸을 더 바닥에 붙이는 자세를 취하게 되며,
남자의 성기 삽입 각도로 인해 지스폿을 자극할 가능성이 높아진다.

122 마감에 쫓겨

늦은 밤 직장에서 일하다 서둘러 격정적인 섹스를 하려 할 때 유용한 체위다.
여자가 스커트를 입고 있는 상태에서 남자가 바지 지퍼만 내리면 된다.
이 체위에서는 빠른 속도로 상하 운동을 하는 게 가능하며,
옷을 거의 다 입고 있는 상태에서도 섹스를 할 수 있다.

천국으로 향하는 고속도로 123

이 체위를 택하려면 여자의 다리 힘과 무릎 유연성이 좋아야 한다.
여자가 몸을 위아래로 움직이고 비벼대는 등 섹스를 주도하는 동안,
남자는 완전히 자유롭게 여자의 온몸에 관심을 집중할 수 있다.

124 피클은 빼라

옆으로 누워 여유롭게 섹스를 즐길 수 있는 이 체위는
남자의 입장에서 부담이 덜하기 때문에
반응이 빠른 남자들이 좋아한다.

출발대 125

여자는 한쪽 다리를 앞으로 구부림으로써 몸을 빙빙 돌릴 수도 있고
행동반경이 아주 넓어진다. 또한 뒤로 쭉 뻗은 다리 덕에
몸이 안정되어 결승선을 향해 전력 질주할 수 있다.

126 책상 세트

서로 반대 방향으로 몸을 기울임으로써,
의자를 이용한 평범한 섹스가 에로틱한 섹스로 변한다.
또한 이런 가구 배치에서는 적절한 삽입과 마찰이 가능해진다.

Z자 자세 127

남자가 두 무릎을 가슴 쪽으로 끌어당길수록,
여자가 섹스를 하면서 남자의 성기에 집중하는 게 더 쉬워진다.

128 머리가 터질 듯한

이 체위에서 여자는 피가 머리로 몰려 머리부터 발끝까지
터질 듯한 쾌감을 맛보게 된다. 또한 호흡 패턴도 달라지고
성적 긴장감과 흥분도 커지면서 금메달감 오르가슴을 느끼게 된다.

나사 조이기 129

어찌 보면 신뢰 쌓기 훈련 같기도 하지만,
여자가 골반 저부의 근육으로 남자의 성기를 꽉 조이면,
두 사람의 섹스는 달콤하면서도 빠른 결론에 도달하게 된다.

130 더블 도전

이 체위에서는 남자가 여자를 거칠게 다루기 쉬운데,
실제 그럴 경우 여자의 집중력까지 깨질 수 있다.

추돌 131

여자가 자신의 뒤를 적나라하게 보여주면서도
여유 있게 섹스를 할 수 있는 열정적이면서도 드문 체위다.

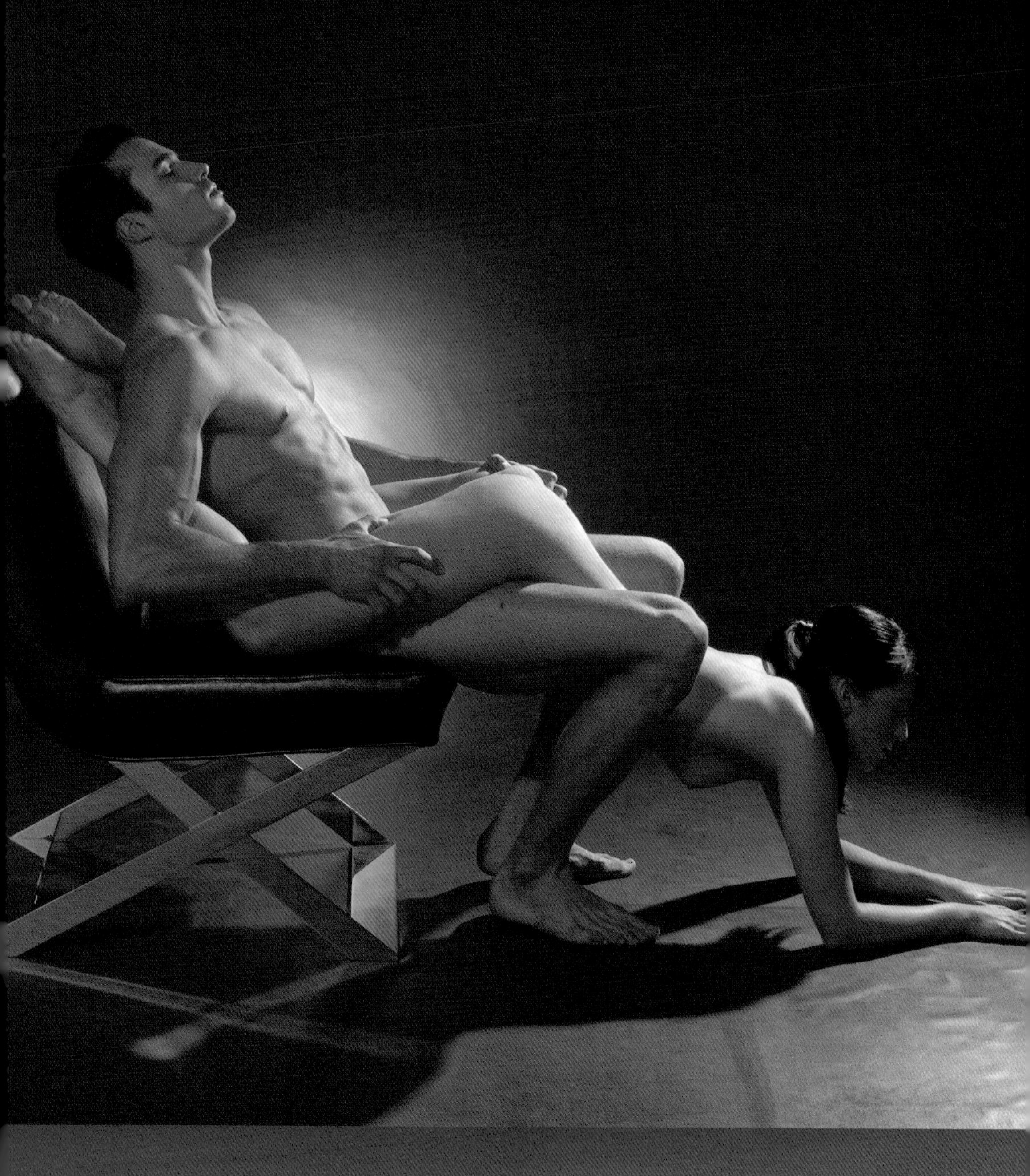

132 스포츠팬

여자가 스태미나가 왕성해 제대로 소화해낼 수만 있다면, 믿을 수 없을 만큼 완벽한 삽입이 가능한 체위다. 또한 남자는 섹스를 하면서 모든 것을 지켜볼 수 있다. 여자도 점수를 매긴다는 것을 주의해야 한다.

배치기 다이빙 133

남녀 모두 성적 쾌감은 조금도 잃지 않으면서
믿을 수 없을 만큼 편하게 섹스를 할 수 있는 체위다.
남자의 삽입 각도가 거의 완벽에 가까워서 여자의 몸 깊이 들어가
질 안쪽의 성감대들을 자극할 수 있게 된다.

134 포르노 영화

나란히 누워 서로를 마사지하고 애무할 수 있는 체위다.
살과 살이 맞닿은 부위들 때문에 에로틱한 분위기가 연출되며,
그 바람에 두 사람 모두 신음을 내며 절정으로 치닫게 된다.

턱받침 135

여자가 새끼손가락을 아래로 향한 채 주먹 위에 턱을 고이게 된다면, 한 손가락을 이용해 남자의 회음부(음낭과 항문 사이에 있는 성감대)에 압력을 가할 수 있다. 남자가 폭발할 수도 있으니 미리 준비하라.

136 탄트라 포옹

천천히 달콤한 사랑을 나누는 체위로,
서로 머리부터 발끝까지 애무를 하면서
이 세상 오르가슴이 아닌 듯한 오르가슴을 맛볼 수 있다.

젖히기 137

이 체위에서는 남자가 몸을 뒤로 젖혀 사타구니가 부딪히고 뜨거운 애액이 쏟아지면서 쾌감이 시작된다. 상하 피스톤 운동은 남자가 이끌어야 하며, 여자는 몸을 뒤로 밀어 남자가 벽에서 떨어지지 않게 해야 한다.

138 둘이서 하나 되기

이 체위에서 여자는 남자를 쾌락의 도가니로 몰아넣은 뒤
마지막에 미처 무슨 일이 일어나는지 알기도 전에
여성 상위 체위로 바꿔 남자를 깜짝 놀라게 해줄 수 있다.

황금 시간대 139

다소 신선하면서도 불안정해 보이는 체위로,
남녀 모두 시선을 정면으로 향한 채 더없이 편안한
안락의자에 앉아 TV에 나오는 모든 장면을 보는 듯하다.

140 강력한 비비기

여성 상위에 후배위가 결합된 이 체위는 여자 스스로 쉽게
상하 운동을 할 수 있어 절정에 도달하기가 더 좋다. 남자 역시 좋다.
많은 남자가 셀프 서비스를 할 줄 아는 여성에 열광하기 때문이다.

포크 겸용 스푼 141

이 체위에서는 남녀 모두 피스톤 운동에 대해 걱정할 필요가 없다. 골반 근육들이 밀착되어 쾌감이 극대화되기 때문이다. 큰 유연성도 필요하지 않다. 골반 근육들을 조금씩만 조여도 쾌감이 상승한다.

142 나비

이 체위에서는 별 노력 없이 달콤한 희열감을 맛볼 수 있다.
남녀 모두 그냥 누워서 날갯짓하듯 히프를 살짝살짝 흔들어주면 된다.
날갯짓을 빨리 할수록 희열의 강도도 높아진다.

은신처 143

남자 위에 올라간 여자는 마치 무대에 선 듯 과다 노출된 기분이 된다.
하지만 남자를 꼭 끌어안고 두 손을 맞잡으면 스포트라이트를 받고 있다는
사실도 잊은 채 여성 상위 체위의 매력을 한껏 느낄 수 있다.

144 상호 오럴

둘 다 오럴을 할 수 있는 체위로,
남자는 여자의 서비스에 화답해 여자의 성기를 핥아줄 수 있다.

서프라이즈 145

이 체위는 단순해서 파티 중간에 서로 욕구가 솟구칠 때
잠시 조용한 구석에서 그 욕구를 해소하기에 더없이 좋다.

146 칼 삼키는 곡예사

여자가 이 체위를 소화할 수 있다면 펠라티오 전문가나 다름없다.
남자가 성기 삽입 속도와 정도를 조절하게 되는데,
여자 머리가 침대 밖으로 나올수록 목구멍이 더 활짝 열려
사레들지 않고 남자의 성기를 받아들일 수 있다.

기기 147

얼핏 보기에는 느긋한 체위 같지만 실은 아주 적극적인 체위다.
서로 격렬한 피스톤 운동을 할 수 있으며
최대한 깊은 삽입감도 맛볼 수 있다.

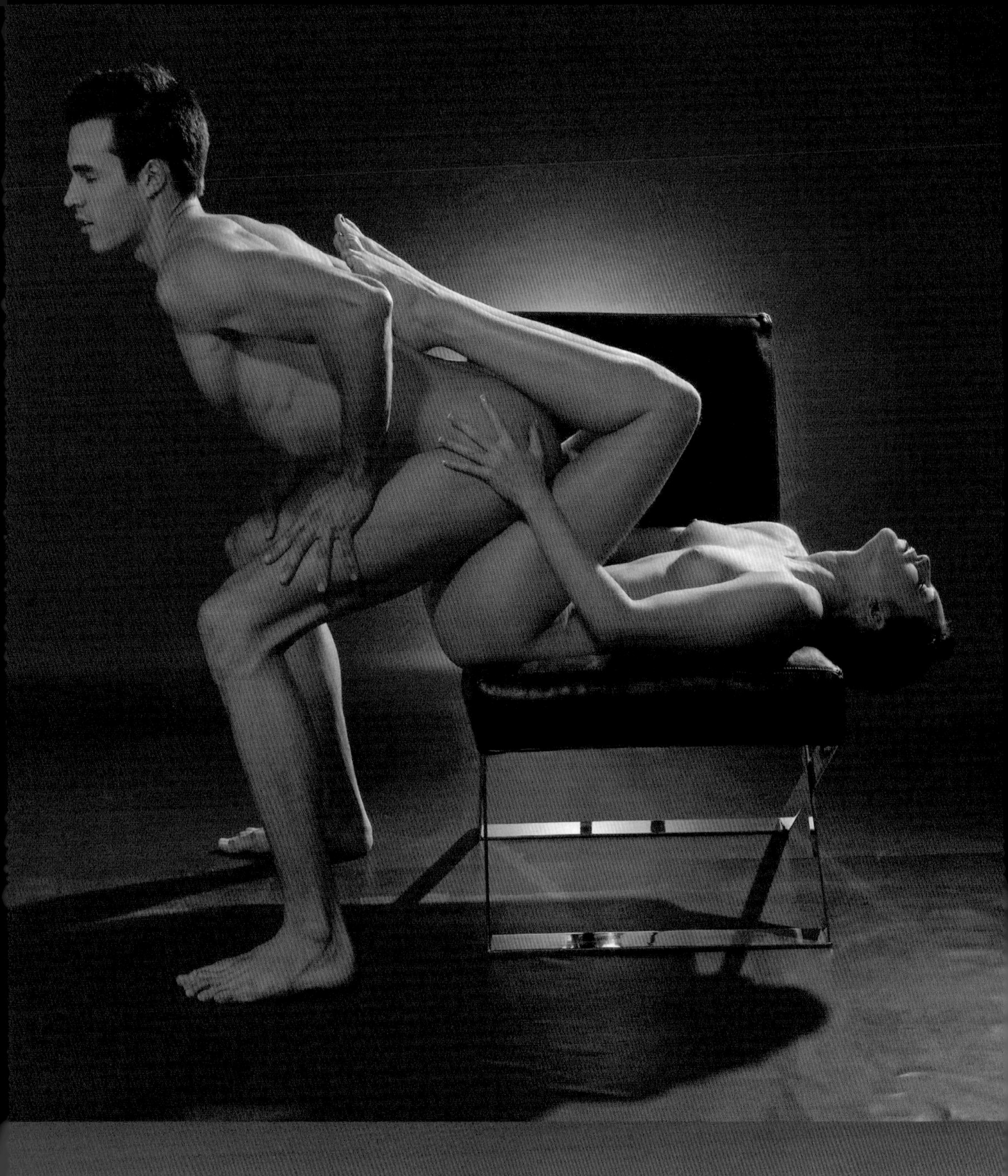

148 와우 와우

서로 뒤를 맞대고 흔들어대는 체위다. 남자의 경우 허벅지 힘을 많이 써야 하는데, 그렇지 않으면 자신도 모르게 여자 위에 주저앉게 된다. 그러나 이 체위를 제대로 이용할 경우 아주 깊고 멋진 섹스를 할 수 있다.

텀블러 149

이 체위에서 여자는 자기 속에 숨어 있는
곡예사 기질을 발휘해 등을 활처럼 휘게 만들며,
남자는 여자를 위해 온갖 서비스를 다 해준다.

150 세 손가락 스릴

남자가 세 손가락으로 조금 강하지만 제대로 애무를 하면서 섹스를 할 경우 여자는 엄청난 쾌감에 눈이 다 풀리게 된다. 남자는 빠른 움직임으로 여자의 흥분 상태를 맞춰줘야 할 것이다.

믹서기 151

남자는 마치 휘젓듯이 여자의 두 다리를 부드럽게 앞뒤로, 위아래로,
그리고 둥그렇게 돌리면서 여자를 서서히 달아오르게 만들 수 있다.
동작을 크게 할 필요는 없다. 미묘하게 휘젓는 동작만으로도
여자에게 오르가슴을 안겨줄 수 있기 때문이다.

152 하품 자세

몸의 균형 상태를 조금만 바꿔도 삽입 각도가 바뀌어,
두 사람 모두 아찔한 쾌감을 느끼게 된다. 지루해할 틈이 없다.

종마 153

여자는 남자 위에 올라타 격정적인 말타기를 즐기고,
남자는 강한 허벅지 힘을 이용해 골반을 리드미컬하게
조였다 풀었다 하며 서서히 쾌감을 높일 수 있다.

154 옆으로 가는 독사

남자가 옆으로 비스듬히 누운 상태에서
여자가 편히 펠라티오를 할 수 있는 체위로,
여자는 입 외에 손으로도 남자를 즐겁게 해줄 수 있다.

자리 잡은 외바퀴 손수레 155

이 체위에서 남자는 섹스를 주도할 수 있는 여지가 별로 없다.
따라서 모든 섹스 동작은 여자가 자신의 엉덩이를 조였다 풀었다 하고
치골에서 꼬리뼈에 이르는 근육인 치골미골근을 수축 또는 이완하는 데서 나온다.

156 후크

남녀가 서로 깍지를 낀 듯한 체위로, 이 체위에서는
산도 움직일 수 있을 만큼 엄청난 근육 수축이 가능하다.

서서 옮기기 157

여자는 남자가 자신을 번쩍 들어 옮기는 것을 좋아하지만,
모든 남자가 그럴 수 있는 것은 아니다. 한 가지 요령이 있다면,
사진처럼 남자가 여자의 두 다리 대신 두 발을 떠받쳐 들어 올리는 것이다.

158 낙타

다소 어색해 보일 수도 있는 체위다.
그러나 여자가 자신의 체중을 버틸 만큼 유연하고 강하다면,
남자는 두 손으로 자유롭게 여자의 몸을 애무해 쾌감을 높여줄 수 있다.

핫스폿 159

100퍼센트 여자에게 오르가슴을 안겨줄 수 있는 멋진 체위다.
여자의 경우 안쪽에 강력한 마찰감은 느끼지 못하지만
뜨거운 열기를 즐길 수 있을 것이다.

160 애태우는 티오프

여자가 두 다리를 꽉 오므리고 있으면,
남자는 강렬한 마찰을 느낄 수 있으며, 여자는 남자가
피스톤 운동을 할 때 작은 움직임에도 만족감을 느낄 수 있다.

장난감 나라의 여자 161

남자들은 성기의 크기가 문제 되지 않기를 바라지만,
여자들은 꼭 그렇지만도 않다. 그러나 바이브레이터의 경우
크든 작든 관계없이 여자의 머리부터 발끝까지 전율에 떨게 만든다.

162 느긋한 69 자세

남녀 모두 옆으로 누워 오럴 섹스를 즐기는 체위로,
잠깐씩 쉬어가며 느긋하게 오럴 섹스를 하고 싶을 때 그만이다.

정보원 163

여자가 머리 밑에 베개 같은 것을 넣으면
남자의 쾌감을 방해하지 않으면서도
성기가 입 안 너무 깊이 들어오는 것을 막을 수 있다.

164 에로틱한 조이기

동작을 많이 하지 않아도 엄청난 흥분을 자아낼 수 있는 체위다.
클라이맥스를 최대한 미루고 싶은 남자나
서로의 몸을 최대한 느끼고 싶은 커플에게 더없이 좋다.

하이즈먼 165

짐볼을 추가해 더없이 멋진 섹스를 즐길 수 있는 체위다.
여자는 먼저 빠른 상하 운동으로 남자를 자극시키다가,
속도를 늦춰 넓게 원을 그리는 듯한 동작으로 남자의 애간장을 녹인다.

166 승승장구

아주 난이도 높은 체위다. 여성 상위의 경우 보통 섹스가 격렬해지지만,
이 체위에서는 탄력 있는 짐볼 덕분에 한층 부드러워진다.
여자는 상하 운동을 최대한 절제하고 천천히 해야 하는데,
그렇지 않으면 밑으로 떨어질 수도 있다.

섹시한 발레리나 167

사진처럼 여자가 한쪽 다리를 올리면 남자는 삽입하기가 더 쉬워진다.
또한 여자의 경우 사타구니가 적절히 기울어져 있어,
남자가 피스톤 운동을 할 때 원하는 성적 자극을 제대로 받을 수 있다.

168 조심조심 흔들기

여자의 몸이 짐볼 위에서 완벽한 균형을 유지하게 하면서 피스톤 운동을 해야 하므로, 남자의 자제력이 상당해야 한다. 남자가 여자의 히프를 살짝만 밀어도 여자는 앞으로 고꾸라진다.

무릎 꿇은 여자 169

자신이 원하는 대로 균형을 잡을 수 있어 여자가 좋아할 만한 체위다. 그러나 여자의 성감대를 자극할 경우, 남자가 여자의 사타구니에 눌려 숨을 제대로 못 쉬게 될 수도 있으니 조심해야 한다.

170 사각지대

이 후배위 체위는 여자에게 좋은 점이 하나 있다.
남자의 움직임을 전혀 볼 수 없기 때문에, 뒤에서부터 전해져오는
모든 짜릿한 감각에 온전히 집중할 수 있다는 것이다.

치어리더 171

여자에게 오럴 섹스를 해줘라! 오럴 섹스를 해줘라! 자, 어서!!!
남자는 빨리 클라이맥스로 이끌어 이 체위를 끝내야 하며,
그래서 미리 손가락 끝으로 여자를 화끈 달아오르게 만들어야 할 것이다.

172 의자 밀회

이 체위에서는 꽉 붙잡고 있는 게 도움이 된다.
남자가 두 손으로 여자를 꽉 붙잡고 있는 한,
여자는 바닥에 떨어질 걱정은 하지 않아도 된다.

V자 자세 173

깊이 삽입되고 모든 움직임이 만족감을 주는 이 체위에서
V는 victory, 즉 '승리'를 뜻한다.

174 전갈

이 체위에서 여자는 균형을 잃지 않으려 애쓰는 남자 대신 중간중간 피스톤 운동을 함으로써 전갈처럼 톡톡 쏠 수 있다.

짜릿짜릿 175

이 체위에서 여자는 성적 자극을 높이기 위해 멀티태스킹을 할 수 있다.
카우걸 체위와 반대되는 이 체위는 가뜩이나 여자의 질 내부 뒤쪽을 자극하는데,
바이브레이터까지 함께 사용함으로써 전신에 짜릿짜릿한 자극을 준다.

176 들어 올리는 다리

체력이 약한 커플은 택하기 힘든 체위다. 그러나 제대로 해낼 수만 있다면, 두 사람 모두 사타구니에 쾌감이 집중되는 것에 경탄을 금치 못할 것이며, 큰 희열감에 서로 미친 듯이 사타구니를 비벼대게 될 것이다.

공중화장실 177

공중화장실에서 섹스를 할 때는 똑바로 서 있는 게 가장 중요하다.
공중화장실처럼 좁은 공간에서는 이런 체위가 가장 쉽기 때문이다.

178 운전석

제한 속도는 무시하라. 여자가 두 손으로 남자의 머리를 잡고 두 다리를 활짝 벌리고 있는 동안, 여자는 자신이 원하는 대로 피스톤 운동 속도를 조절하면서 남자를 조정할 수 있다.

나를 지도자로 삼아라 179

여자가 위에 있지만, 주도권은 남자가 쥔다.
따라서 삽입 속도와 깊이는 남자가 원하는 대로 진행되며,
여자는 편하게 즐기기만 하면 된다.

180 사마귀

여자의 골반이 위로 향해 있어 남자는 더 높은 삽입감을 느끼며 피스톤 운동을 하게 된다. 이 체위에서는 남자가 여자를 잘 잡아주어야 하며, 남자가 일종의 멀티태스킹을 하게 돼 여자는 손을 전혀 쓰지 않고도 멀티 오르가슴을 느끼게 된다.

소유 181

많은 키스와 애무를 나누며 뜨거운 섹스를 할 수 있는
아주 에로틱하면서도 친밀한 체위다. 키스와 애무로 워밍업 하는
시간이 길수록, 더 강력하고 짜릿한 클라이맥스를 맛보게 된다.

182 작은 새

여자는 남자의 허벅지에서 밀려나며 마치 하늘을 나는 듯한
기분을 맛보게 되고, 남자는 여자의 몸에 세게 눌려
삽입이 깊어지면서 극도의 희열을 맛보게 된다.

계단 오르기 183

남자가 한쪽 다리를 올려 여자의 체중을 떠받치므로, 두 사람 모두
클라이맥스에 도달할 때까지는 팔 힘이 충분히 남아 있게 된다.
계단 역시 이 체위를 축복으로 승화시켜주는 더없이 좋은 장소다.

184 호키 포키

남자가 오른손을 안에 넣고, 오른손을 밖에 빼고.
여자가 양손을 안에 넣고 힘껏 흔든다. 그게 다다.

히프 들어 올리기 185

피스톤 운동에 탄력이 붙었을 때 여자가 예고 없이 히프를 들어 올리면, 남자는 삽입됐던 성기가 빠지면서 깜짝 놀라게 된다. 여자는 잠시 히프를 들고 있다 다시 몸을 낮춰 성기가 삽입되게 한다. 필요에 따라 이 동작을 반복한다.

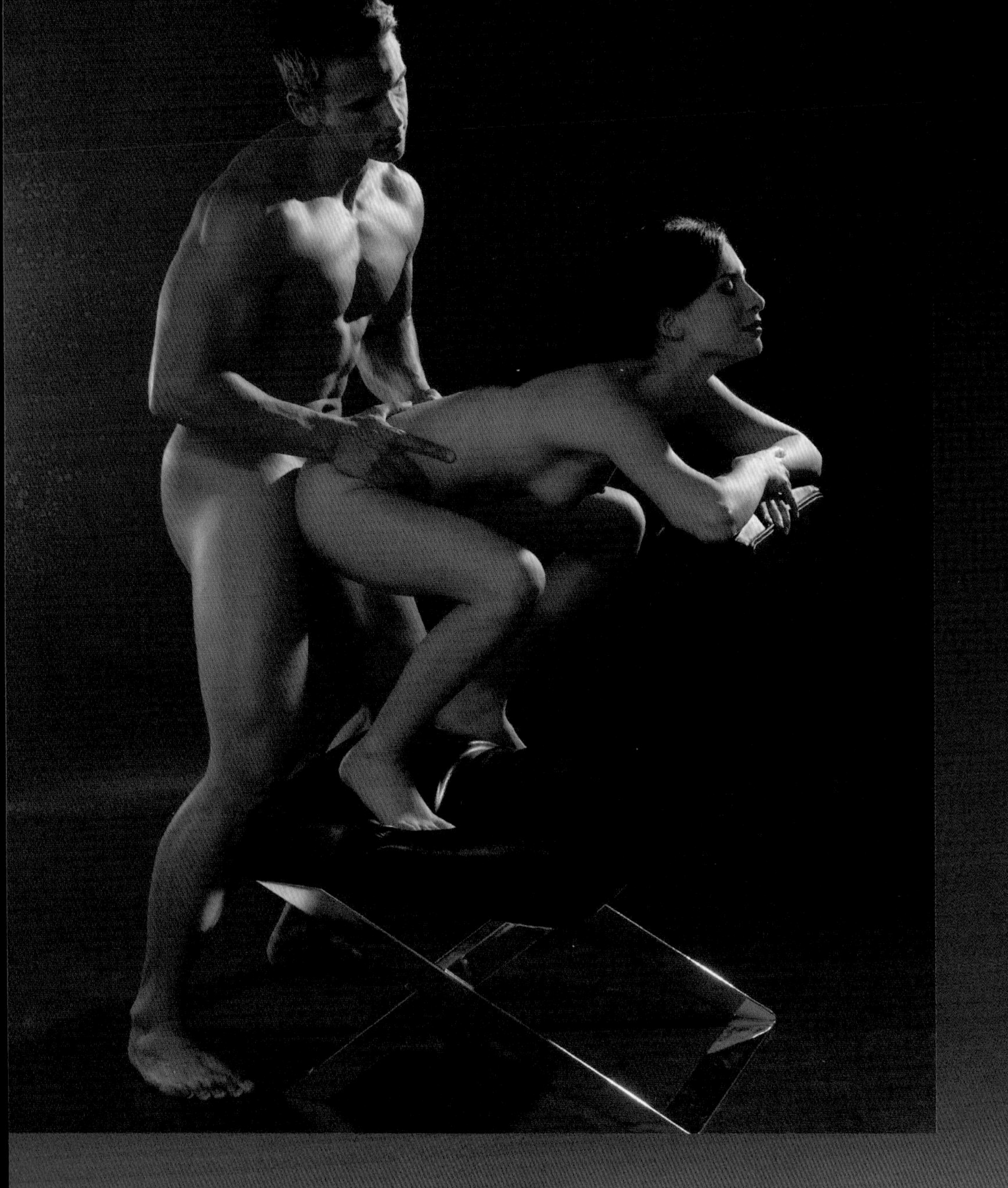

186 의자에 오르기

후배위 상태에서 뜨겁게 하체를 돌려대는 이 체위는
속성 섹스를 원하는 당신에게 더없이 좋다. 여자는 자세를 유지하려
애쓰는 중에 긴장감을 느끼게 되어 바로 오르가슴에 도달하게 된다.

백 다이브 187

이 기발한 체위에서 여자는 머리를 한껏
뒤로 젖히는 데서 오는 희열을 즐길 수 있으며,
두 팔로 바닥을 짚음으로써 침대에서 떨어지지 않을 수 있다.

188 올라앉기

끊임없는 쾌락을 맛볼 수 있는 체위다.
이 체위에서 남자는 아주 쉽게
여자의 엉덩이와 가슴을 애무할 수 있다.

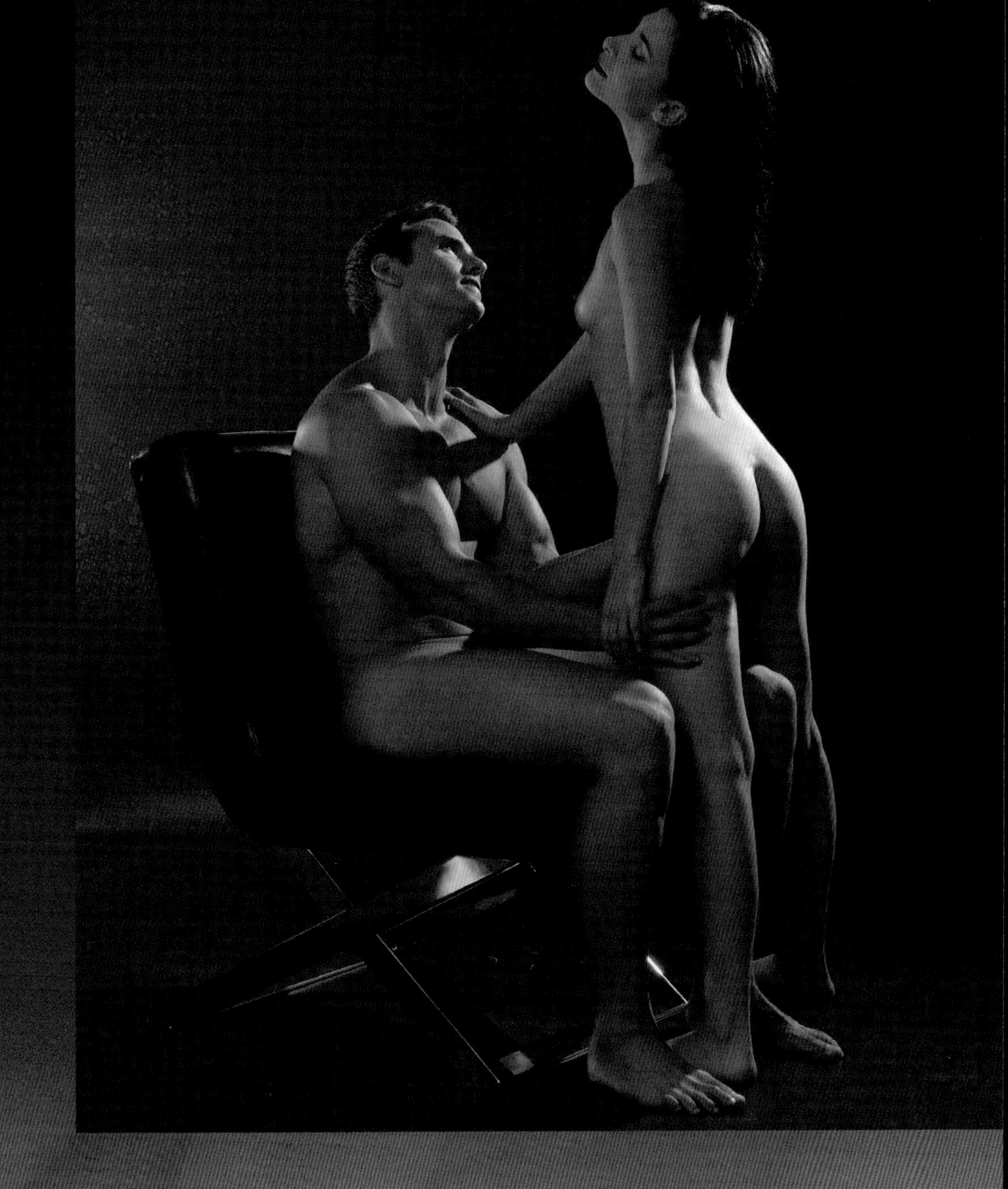

환상의 섬 189

여자는 두 눈을 감고 남자의 손길에 몸을 맡긴 채
마음껏 상상의 날개를 펼칠 수 있다. 상대는 매력적인 의사일 수도 있고,
귀여운 웨이터일 수도 있고, 밀라노 사무실에서 온 섹시한 부사장일 수도 있다.

190 식탁 위

이 여성 상위 체위는 언제든 육체적인 욕망을 식혀야 할 때
즉석에서 선택할 수 있는 섹스 체위다. 여자의 경우 소파 위에 발을 딛고
서 있는 자세라 두 무릎이 딱딱한 나무 식탁에 닿지 않아 좋다.

여성 상위 191

이 여성 상위 체위는 편안하고 친밀한 체위로, 여자의 두 발이
관능적이면서도 유혹적으로 움직이며 클라이맥스가 보장된다.
그러나 조심하라. 여자가 다시는 등을 대고 누우려 하지 않을 수도 있다.

192 희롱하는 두 의자

장소를 침대에서 소파로, 아니면 이 사진처럼 두 의자로 바꾸면, 격한 피스톤 운동이 가능해져 똑같은 옛날 노래 리듬도 화끈한 새 부기 리듬처럼 들리게 된다.

외바퀴 손수레 193

이 체위를 택하면 남녀 모두 더 짜릿한 흥분을 맛보게 된다.
남자가 여자의 몸을 떠받치면서 섹스를 주도하게 되고,
여자는 등을 활처럼 휘게 해 사타구니를 더 밀착시킨다.

194 보디가드

여자는 남자의 두 다리를 붙잡고 한쪽 다리로 벽을 짚음으로써,
후배위를 즐기면서 동시에 피스톤 운동에도 일조할 수 있다.
물론 남자 역시 여자의 그런 일조에 보답할 수 있다.

69 마사지 195

여자가 위에 올라가는 이 69 자세에서는 남자가 여자의 엉덩이를
에로틱하게 마사지해줄 수 있으며, 여자의 두 다리가 넓게 벌어져
아주 쉽게 여자의 성기를 입으로 애무해줄 수 있다.

196 발장난

여자는 두 발로 남자를 달아오르게 만들면서
스스로도 달아오르게 된다. 뇌에서 발 감각을 느끼는 부위는
성기 감각을 느끼는 부위와 바로 인접해 있다.

벽 걷기 197

여자가 그냥 누워 있는 것 같지만, 이 체위에서는
걷는 듯한 동작이 핵심이다. 여자는 남자의 가슴에 댄 발을
위아래로 움직여 삽입 각도를 조정해 자신에게 잘 맞는 공식을 찾아낸다.

198 올라타, 카우보이!

이 후배위에서는 남녀 모두 상체를 살짝 들어 올림으로써 기분 좋은 삽입과 마찰을 맛보게 된다. 일단 여자가 몸부림치기 시작하면 남자가 잘 제어해야 할지도 모른다.

에로틱한 움켜잡기 199

여자의 경우 단순히 위아래로 움직이면 절정에 오를 수는 있어도 쾌감에 집중할 시간이 많지 않은데, 이 체위에서는 사타구니를 남자의 사타구니에 비벼대며 앞뒤로 문질러댈 수 있다.

200 뷔페

이 섹시한 체위에서 남자는 여자가 제공하는 모든 것을 맛볼 수 있다. 게다가 여자는 남자의 성기를 훔쳐볼 수도 있다. 피가 머리로 몰리는 상태에서 두 눈을 뜨고 있어 너무 짜릿해 정신이 아득해지지만 않는다면 말이다.

런던 브릿지 201

여자가 위에 올라가는 것을 쑥스러워 한다면, 이 체위로 자연스레 시도할 수 있다. 침대에서 둘이 꼭 끌어안고 있는 상태에서 그대로 한 바퀴 빙글 돌면 여자가 남자 위에 올라가게 된다.

202 가위 바위 보

다소 복잡해 보이지만, 실은 아주 편안한 체위다. 그러나 남녀 모두 움직일 여지가 별로 없는 체위이기도 하다. 둘이 함께 허벅지 안쪽을 잠깐씩 수축하는 데서 오는 느낌이 아주 에로틱하다.

선정적인 레슬러 203

이런 식으로 계속 오래 잡고 있기는 어렵지만,
절정에 도달할 때까지는 견뎌야 한다. 그리고 이 체위에서
피스톤 운동을 하려면 남녀 모두 바닥을 잘 딛고 있어야 한다.

204 공중 독

여자가 침대 끝에서 두 다리를 허공으로 벌린 채 옆으로 누워 있는 체위로,
여자의 성기가 완전히 벌어지게 된다. 남자는 그렇게 벌어진
여자의 성기에 깊이 삽입한 뒤 히프를 앞뒤로, 좌우로 흔들게 된다.

비행기 205

여자의 몸이 위로 솟구친 이 체위에서는 삽입이 깊고 강렬해,
여자는 그야말로 하늘 높이 날아오르게 된다. 에어백은 필요 없다.

206 돌아앉은 카우걸

더없이 단순하고 쉬운데다가 성적 만족도도 전혀 떨어지지 않는 여성 상위 체위다. 돌아앉은 카우걸 스타일의 이 체위에서는 남녀 모두 두 눈을 감고 가만히 쾌감을 느껴볼 필요가 있다.

연좌 농성 207

남녀 모두 자세가 안정된 체위로, 몸을 구부리고
팔을 뻗고 비틀어 상대의 어떤 부위도 만질 수 있으며,
가벼운 피스톤 운동으로 서로를 타오르게 만들 수 있다.

208 신만이 안다

일단 몸이 완전히 결합되면,
두 사람은 심장이 쿵쿵거릴 만큼 빨리, 그러면서 동시에
서로의 움직임을 느낄 수 있을 만큼 천천히 움직여야 한다.

머리가 둘인 뱀 209

남자가 섹스 중에 손까지 동원할 경우,
여자는 남자의 성기에서 또 다른
에로틱한 장기가 나온 것으로 착각하게 된다.

210 숙녀의 선택

이 체위에서 남자는 여자의 앞으로 삽입할 수도 있고 뒤에서 삽입할 수도 있다. 이 체위를 제대로 써먹으려면 약간의 훈련이 필요하지만, 그게 무슨 대수인가? 여자는 온몸을 비틀며 오르가슴을 맛보게 된다.

욕망의 늦잠 211

큰 에너지가 필요하지 않은 체위로,
여유로운 날 둘 중 한 사람이 침실 외의 장소에서
간단히 에로틱한 시간을 갖고 싶을 때 더없이 좋다.

212 이지 라이더

남자의 입장에서는 여자가 위에 올라간 상태에서
피스톤 운동을 하기 가장 쉬운 체위로, 여자는 두 손으로 침대를 짚고
몸을 올렸다 내렸다 하면서 남자의 피스톤 운동에 맞춰 호응할 수 있다.

훌라춤을 추는 여자 213

이 체위에서 남자는 얼마든지 자유롭게 움직일 수 있으며,
여자는 훌라춤을 추듯 히프를 좌우로 빙빙 돌려대며
오르가슴에 오르게 된다.

214 싱크홀

남자는 무릎을 꿇고 앉아 있고, 여자는 그 위에 앉아 두 다리로
남자를 감싼 이 체위는 삽입이 가장 깊이 되는 체위 중 하나다.
또한 여자가 몸을 활짝 벌리게 되어 남자가 손으로 자극을 줄 수도 있다.

트위즐러 215

남자는 여자의 몸에 자신의 복부를 문지르면서 동시에 성기로
애무해줄 수 있으며, 여자의 히프를 살살 돌리면서
앞뒤로 피스톤 운동을 해, 둘 다 동시에 클라이맥스에 도달할 수 있다.

216 골인

이 체위에서 남자는 여자의 몸이 튕겨져 올라올 때
꼬리뼈를 뒤로 뺌으로써 짐볼의 탄력을 이용할 수 있다.
짐볼의 탄력 때문에 여자는 성기에 짜릿한 충격을 느끼게 된다.

거미 217

남자가 위에 있으면 너무 세게 밀어붙이는 경우가 많다.
그럴 때 여자는 두 다리를 구부리고 있다가 몸을 살짝
들어 올림으로써 남자에게 신호를 보낼 수 있다.

218 껴안기

서서히 흥분되면서 오르가슴에 도달할 수 있는 체위로,
남자의 입장에서는 입으로 여자의 귓불을 살살 잘근거리면서
달콤하거나 음탕한 말들을 속삭일 시간이 많다.

달콤한 자리 219

기이하면서도 어렵게 뒤튼 변형 69 체위로, 남녀 모두 서서히 뜨거운 불길에 휩싸이게 된다. 다만 여자는 어깨에 강한 압력을 받기 때문에 쿠션감이 좋은 의자여야 제대로 즐길 수 있다.

220 코르크 마개 따개

이 체위는 삽입 각도가 빡빡한데다가
사타구니가 세게 밀착되어, 여자는 그저
히프를 살살 돌려 코르크 마개만 따면 된다.

산사태 221

여자가 앞쪽으로 떨어지지 않게 하기 위해
두 사람은 벨트 아래쪽 부위들을 서로 꽉 끼고 있어야 한다.
여자는 미끄러질 것 같으면 두 다리를 꽉 오므려 삽입 상태를 유지해야 한다.

222 커다란 외바퀴 손수레

이 체위에서 남자는 여자의 밭을 갈면서
앞뒤로 피스톤 운동을 해 풍성한 수확을 거두게 된다.

Y자 자세 223

이 체위를 유지하려면 남녀가 서로의 몸을 꽉 잡고 있어야 한다. 남자가 손으로 여자의 성기를 쉽게 애무할 수 있다는 것도 이 체위의 장점이다.

224 꽃망울

친밀감이 아주 높은 여성 상위 버전으로,
강렬한 눈 맞춤을 하며 가까이 붙게 되므로
진한 키스와 애무도 할 수 있다.

등반가 225

이 도전적인 체위에서 두 사람은 서로 쳐다보며 교대로
히프를 앞뒤로 흔들어댈 수 있다. 또한 서서히 긴장감이 높아지면서,
오르가슴을 향해 마치 한 사람처럼 움직이게 될 것이다.

226 아래로 향한 개

이 체위에서는 성기 각도가 다 아래쪽을 향하게 되어
절로 신음이 날 만큼 삽입이 빡빡해진다. 남자는 너무 빨리
사정을 하지 않도록 심호흡을 해가며 참아야 할 수도 있다.

탈옥 227

남자는 여자가 위로 올라가면 손으로 가슴을 애무할 수 있어 좋다.
그러나 이 체위에서 남자는 여자의 몸을 움직이느라 두 손을 계속 써야 하므로,
여자는 자기 손으로 스스로 애무하며 쾌감을 느끼게 된다.

228 노를 저어라

아주 편안한 체위지만 남자의 배와 여자의 배를 뒤흔들게 될 것이다.
또한 두 사람이 히프를 조금만 앞뒤로 흔들어도
배들이 더 빨리 나아가게 될 것이다.

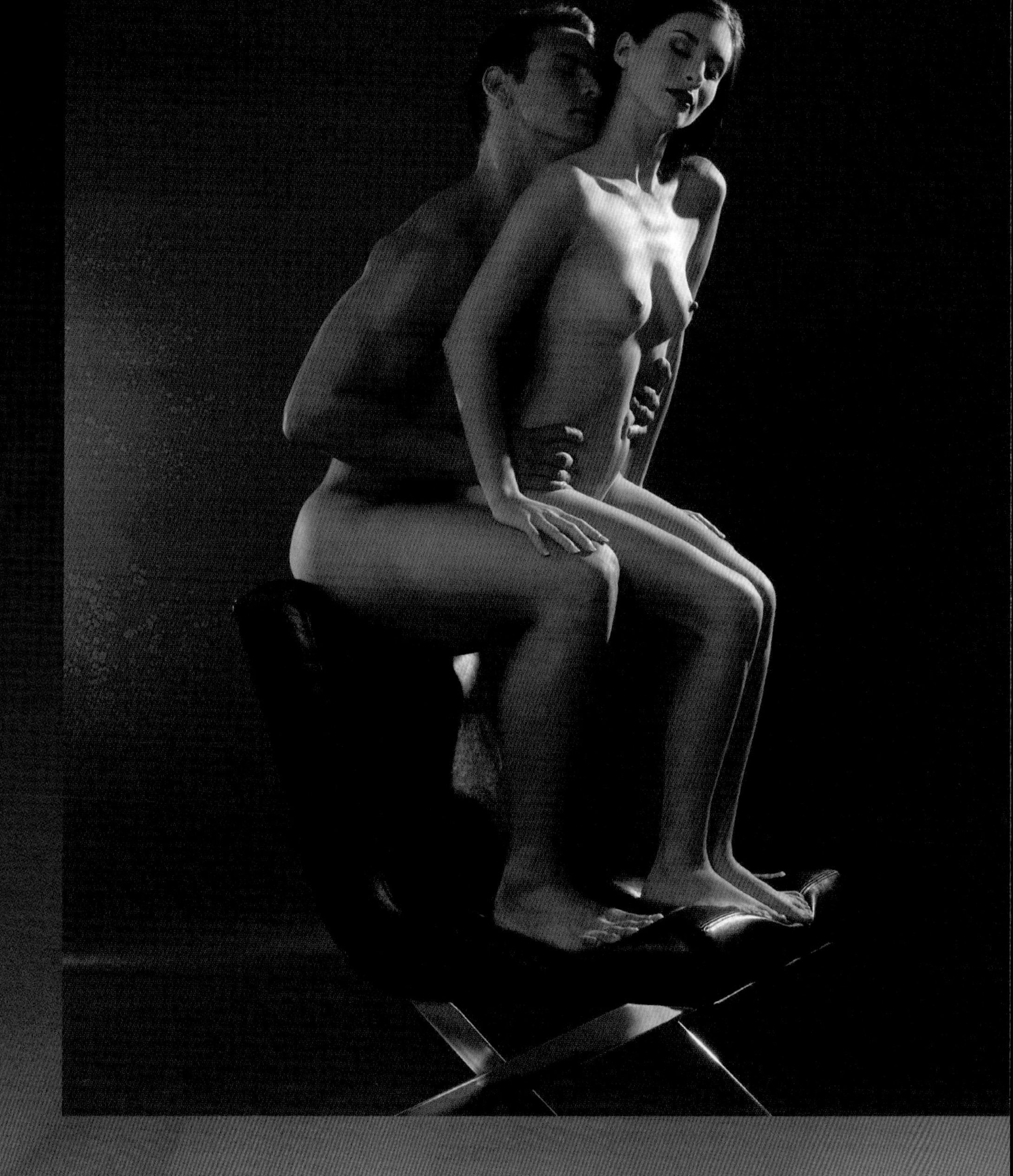

티핑 포인트 229

가뜩이나 에로틱한 체위가 균형을 잡으려는 행동들로 인해 더 짜릿해진다.
또한 피스톤 운동을 할 때마다 의자가 위태롭게 흔들리는 게 느껴져
아드레날린 수치가 급상승하게 된다.

230 리듬을 타다

이 체위에서 여자는 몸의 균형이 잘 잡혀 있어
히프를 돌리거나 앞뒤로 흔들어대며 다양한 리듬을 구사할 수 있고,
그 결과 남자의 성기로 질 안 구석구석 자극을 받게 된다.

모든 손이 준비되다 231

이 체위에서 남자는 두 손으로 여자의 몸을 마음대로 애무할 수 있다. 배꼽 아래 몇 센티미터 되는 곳에 있는 은밀한 부위를 부드럽게 누르면, 혈류가 골반 부위 전체를 자극해 짜릿한 쾌감을 맛보게 된다.

232 앞뒤로

삽입 각도가 쉽지 않지만 그만한 값어치를 하는 체위다.
이 체위에서 남자는 여자의 몸을 돌려
앞으로 삽입할 수도 있고 뒤로도 삽입할 수 있다.

그네 233

이 체위에서는 에로틱한 땀, 격한 문지르기, 강렬한 마찰,
깊은 삽입, 열정적인 압박, 짜릿한 리듬 등이
전부 성적 쾌감의 중요한 요소다.

234 탱고

특이하면서도 섹시한 체위로,
짐볼이 떠받치고 있는 상태에서 여자의 몸이 위쪽으로 휘어 있어
남자는 여자가 황홀경에 빠지는 모습을 그대로 볼 수 있다.

뒤바뀐 기수 235

여자가 위로 올라타야 하는 한 가지 이유는 다음과 같다.
남자가 올라타면 스스로 체중을 지탱해야 해 마음껏 몸을 움직일 수 없는데,
여자가 올라타면 남자는 마음 놓고 모든 감각을 즐길 수 있기 때문이다.

236 열정적인 누르기

남녀가 키 차이가 많이 날 경우에는 여자가 소파 같은 것에 무릎을 꿇고 즐기는 방법이 가장 좋다. 남자가 여자의 두 다리를 모아 밀어붙이면 남녀 모두 짜릿한 클라이맥스를 맛볼 수 있다.

왕복 달리기 237

이 체위에서는 여자가 남자의 움직임에 맞추기보다는
여자 쪽에서 주도적으로 히프를 내리눌러
자신이 원하는 성적 쾌감을 맛본다.

238 욕망 레슨

여자가 남자의 야한 여행 가이드가 되어
신음으로 남자를 리드할 때,
남자는 완전한 흥분 상태에 도달하게 된다.

나사 조이기 239

체위 이름이 모든 것을 말해준다.
이 체위에서 남자는 나사를 조이듯 여자의 히프를 빙빙 돌리면서,
점점 더 빠른 속도로 여자의 질 안쪽을 향해 피스톤 운동을 하게 된다.

240 미쳐버리는

여자가 한쪽 다리를 늘어뜨린 채 넓은 원을 그리듯 움직이면,
두 사람은 격렬한 진동에 사로잡히게 되며
점점 더 많은 쾌감을 원하게 된다.

납작 엎드리기 241

이 체위에서 남자는 여자의 상체를 최대한 밑으로 기울게 함으로써 두 가지 효과를 볼 수 있다. 즉, 여자의 지스폿을 공략하면서 동시에 여자의 은밀한 부위들이 왔다 갔다 하는 선정적인 광경을 볼 수 있다.

242 눈먼 사랑

여자가 남자의 움직임을 볼 수 없어 모든 접촉과 애무가
더 강한 쾌감으로 다가오게 된다. 남자는 여자가 전혀 예상 못할 부위를
핥거나 키스하거나 애무해 여자의 기대치를 높여갈 수 있다.

부팅하기 243

대개 후배위에서는 남녀 모두 몸을 구부린 채 꼭 끌어안아야 하며
삽입 각도도 잘 맞춰야 한다. 그러나 이 체위에서는 창의적으로 가구를
배치한 덕에 남녀 모두 움직임이 자유로워 전혀 다른 후배위를 경험하게 된다.

244 들어 올리기

남자가 여자 위로 올라가는 일명 '선교사 체위'에서
여자의 다리 하나만 들어 올려 남자의 어깨에 걸친 체위다.
여자가 남자 몸에 걸친 다리를 살짝만 들어 올려도 성적 자극이 강해진다.

측면 슬라이드 245

더할 나위 없이 뜨거운 체위지만, 막상 해보면 그리 쉬운 체위가 아니다.
남자의 경우 여자의 격한 움직임을 지지해주어야 해 다리 힘이 좋아야 하며,
여자는 자신과 남자 모두를 즐겁게 해주기 위해 열심히 또 빨리 움직여야 한다.

246 피크닉 테이블

야외에서 섹스를 즐기는 게 꼭 추잡한 일은 아니다.
이 후배위 체위는 빡빡하면서도 기분 좋은 삽입감을 안겨주며,
두 사람 모두 바지를 무릎까지 내리지 않고도 할 수 있는 편한 체위이기도 하다.

발사대 247

남자가 두 다리를 공중으로 높이 들어 올리고 있어
사타구니 부위가 완전히 노출되므로, 여자는 남자의 로켓 곳곳,
즉 엉덩이와 고환, 회음부, 페니스 등을 마음대로 자극할 수 있다.
남자가 바로 날아오를 수도 있으니, 여자는 미리 대비하는 게 좋다.

248 의자 뺏기 게임

여자는 두 발을 바닥에 댄 채 앉아 있고
남자는 두 손으로 여자의 엉덩이를 들어 올리는 체위로,
얼굴 위에 앉는 체위 중 시작하고 중단하는 게 가장 쉽다.

푸시업 249

많은 에너지가 소모되는 후배위 체위로,
이 체위에서 피스톤 운동을 하려면
남자는 팔 힘이 아주 좋아야 한다.

250 난간

서서 하는 후배위 체위의 관건은 남녀의 키에 맞춰 삽입을 잘하는 것이다. 여자가 한쪽 다리를 높이 들면, 이 까다로운 체위가 아주 쉬운 체위로 바뀐다. 특히 속전속결로 끝내야 하는 섹스에 안성맞춤이다.

핫 크로스 번즈 251

단순히 위아래로 펌프질을 하는 체위가 아니라,
여자는 앞뒤로 부드럽게 몸을 움직이고, 남자는 히프를
살살 돌려가며 피스톤 운동을 해 쾌감을 끌어올리는 체위다.

252 즉석에서

여자가 남자 쪽을 등지고 앉으면 모든 풍경이 바뀐다.
대부분의 다른 체위에서는 남자가 여자의 은밀한 부위 안쪽을 자극하는 게 어렵지만,
이 체위에서는 오히려 여자의 은밀한 부위 안쪽을 자극하지 않는 게 어려울 것이다.

흥분한 말 253

삽입이 정말 깊게 되는 체위다.
따라서 남자는 말에 오르기 전에
기름을 잔뜩 바른 안장을 얹는 게 좋을 것이다.

254 사무실 놀이

남자가 연말 보너스를 두둑이 받고 싶다면, 여자의 몸을 앞쪽으로 기울인 상태로 그 히프를 살살 돌려줘야 할 것이다. 만일 여자의 두 다리가 바닥에 닿지 않아 제대로 남자 위에 걸터앉지 못할 경우, 높은 하이힐을 신으면 도움이 될 것이다.

트리플 X 255

전혀 새로운 차원의 희열을 맛보게 해주는 아주 외설스러운 체위다.
남자는 여자의 가슴을 애무하고 귀를 살살 잘근거릴 수 있으며, 가뜩이나
뜨거운 포즈를 취한 여자가 스스로를 자극해 더 뜨거운 분위기가 될 수도 있다.

256 더 높이 나는 비행기

이 체위에서 여자는 오르가슴에 도달하기도 전에
이미 구름 위를 떠다니는 기분이 된다. 여자는 뒤로 기댄 채
깊은 숨을 몰아쉬며 남자가 이끄는 대로 절정에 도달하면 된다.

핀업 257

여자는 남자가 자신을 벽에 밀어붙이며
두 다리 사이에 있는 은밀한 부위에 경의를 표하는 동안
기립박수를 보내면 된다.

258 덤벨

이 체위에서는 여자가 몸을 앞뒤로 비틀면서
두 사람이 활활 타오르게 된다. 또한 여자가 적극적으로
허리를 뒤틀면 남자에게 쾌감을 안겨주게 된다.

매직 슬라이드 259

이 체위에서는 다리 각도가 가장 중요하다. 여자가 다리를 높이 들어 올릴수록 움직임도 더 거칠어진다. 또한 남자는 위아래로 펌프질하는 게 아니라 여자의 각도에 맞춰 앞뒤로 피스톤 운동을 해 절정을 향해 달려가게 된다.

260 러브버그

이 체위에서 여자는 남자의 눈에 전혀 보이지 않으므로 남자의 입장에서는 은밀한 판타지를 즐길 좋은 기회가 된다. 여자가 육체적인 쾌감을 안겨주는 동안, 남자는 정신적 쾌감을 얻기 위해 상상의 날개를 활짝 펴게 된다.

훨훨 나는 나비 261

이 체위에서 여자의 두 다리는 위아래로 쫙 벌어지며
남자의 뒷다리는 지렛대 역할을 하게 되므로,
두 사람은 삽입 상태에서 격렬한 피스톤 운동을 할 수 있다.

262 뜨거운 의자

여자가 남자의 무릎에 앉아 온몸을 드러낸 채 열정적인 펌프질을 하는 동안 남자는 그 모습을 보며 넋이 나가게 된다. 여자는 온몸을 뒤틀며 자신도 모르게 큰 신음을 내게 된다. 이웃집 사람들이 깨지 않게 조심해야 할 것이다.

호두까개 263

여자가 허벅지를 꽉 조이면서 사타구니를 남자 쪽으로 밀어붙여 서로 밀착되면서 삽입이 빡빡해지며, 그 덕에 몸의 균형을 잡는 데도 도움이 된다. 남자가 평소보다 더 흥분되며 기분 좋게 꽉 조이는 기분이 드는 체위다.

264 공평한

사진처럼 서서 하는 섹스에서 남녀의 키 차이가 많이 날 경우,
낮은 의자나 계단을 이용하는 게 도움이 된다.
남자가 여자의 체중을 떠받치지 않아도 돼 훨씬 편하기 때문이다.

아치 265

여자의 몸이 조금 더 높은 데 있어 남자는 삽입을 하기가 더 쉽다.
게다가 남자가 절정을 향해 달려갈 때 여자가 등을 마음껏 휘게 할 수 있어
남자가 성기를 위쪽으로 밀 때 삽입 각도가 딱 맞게 된다.

266 완전한 노출

여자가 몸을 뒤로 젖히면서 은밀한 부위들이 다 드러나게 되며,
배도 더 날씬해 보이고 가슴 또한 더 생기 있어 보이게 된다.

천천히 하기 267

바로 오르가슴에 오르지 않고 모든 감각을 맛보며 서서히 오르가슴에
오를 수 있는 체위다. 이 체위에서는 서로 포옹을 할 수 있으며,
두 손으로 상대의 몸 이곳저곳을 애무하며 새로운 성감대를 찾을 수 있다.

268 왕좌

이 고상한 체위에서 왕과 왕비는 번갈아가면서 섹스를 주도할 수 있다.
여자가 몸을 흔들어대다 잠시 멈추면, 이번에는 남자가 피스톤 운동을 하는 식이다.
한 번에 한 사람만 주도권을 쥔다면 아무 문제없는 체위다.

꽉 조이기 269

이 체위에서는 삽입이 아주 빡빡하므로,
여자가 정말 빡빡한 삽입을 원할 때나
남자의 성기가 작은 편일 때 안성맞춤이다.

270 거꾸로 올라탄 카우걸

이 체위에서 피스톤 운동의 강도와 속도를 결정하는 것은 여자다. 그러나 남자가 전력 질주하는 상황에서 여자가 속도를 낮추려 할 경우, 남자는 언제든 여자를 가볍게 애무하며 잠시 숨을 고를 수 있다.

짐볼 놀이 271

여자는 짐볼에 앉아 있고, 남자는 오럴을 해주는 체위다.
이 체위는 특히 움직이기 싫어하는 사람도 운동하게 만들기에 적합하다
(여자는 발가락만 까딱까딱하는 운동을 하고 싶을 수도 있지만).

272 궁극의 포옹

여자가 두 팔과 두 다리로 남자를 꽉 끌어안고 있는 이 체위보다
더 친밀한 체위는 찾기 어려울 것이다. 물론 그 과정에서 잃는 것도 있겠지만,
서로 갈망하는 눈빛과 깊은 키스로 보상되고도 남는다.

돌아서 가기 273

여자가 한쪽 다리를 남자 몸에 걸친 상태에서
하체를 빙빙 돌려 쾌감을 증폭시킬 수 있으며,
그 결과 남자는 다시 몸을 일으키고 싶지 않을 수도 있다.

274 69 자세

옛말에도 있지만, 받는 것보다는 주는 게 더 좋다.
그러나 섹스에 관한 한, 동시에 주고받는 게 훨씬 더 좋다.

어깨 홀더 275

두 다리를 들어 올리면 여자의 은밀한 부위가 좁아지며, 또한 자신의 지스폿에 대한 남자의 자극 강도와 각도를 여자 마음대로 조절할 수 있게 된다. 그래서 어찌 되냐고? 여자는 폭발할 듯 격렬한 오르가슴을 맛보게 된다.

276 가위

이 체위에서 남자는 피스톤 운동을 하면서 때론 여자의 은밀한 부위를 활짝 벌렸다가
애가 탈 정도로 바짝 조이는 등 여자의 두 다리를 벌렸다 조였다 한다.
때론 깊은 삽입감에, 강렬한 마찰감에 여자는 자신도 모르게 신음을 내게 된다.

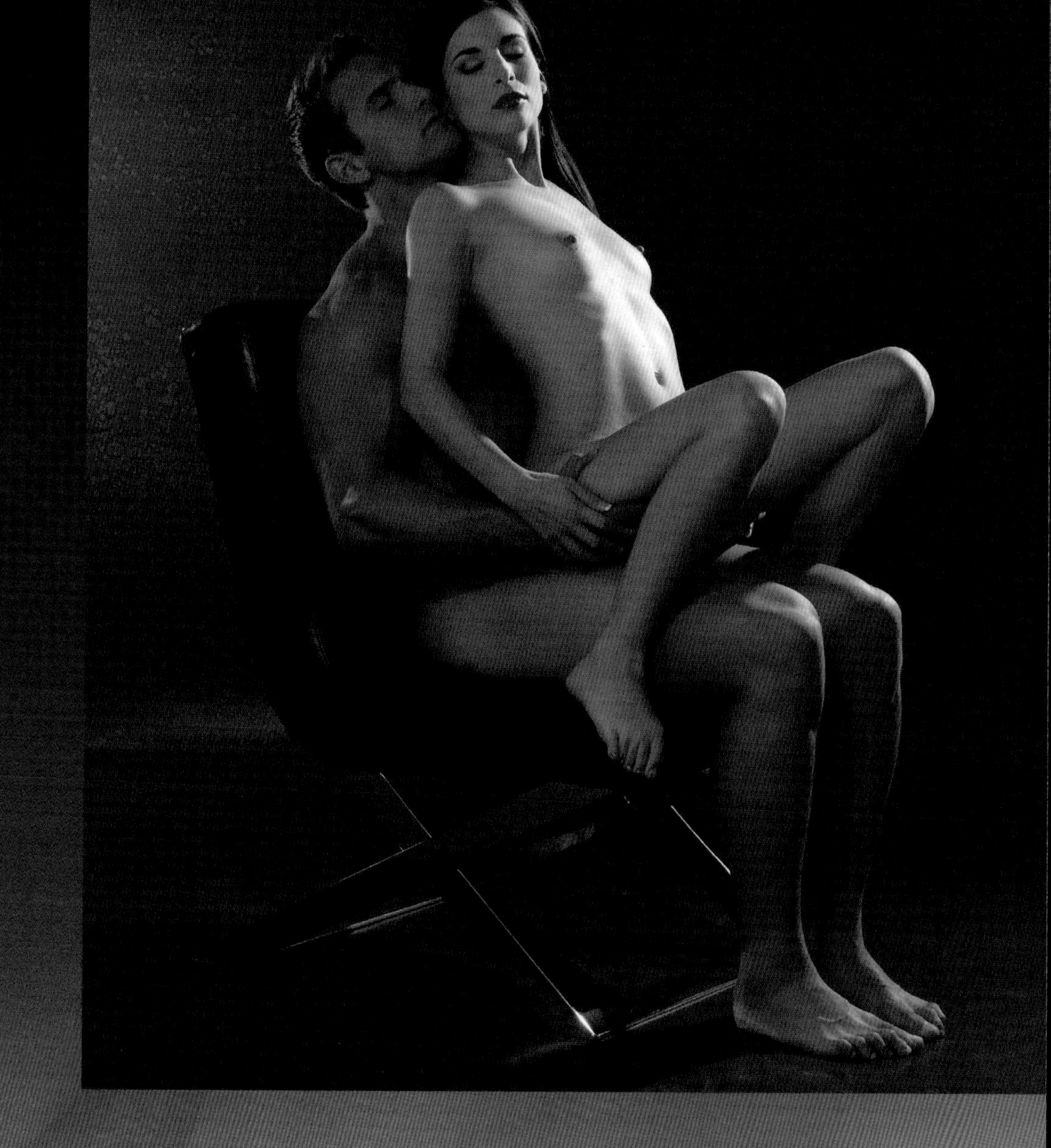

고도 1마일 클럽 277

비행기 화장실처럼 좁은 장소에서 멋진 섹스를 할 수 있는 체위다.
여자가 남자 무릎에 쪼그리고 앉으면 돼 넓은 공간이 필요 없으며,
남자는 두 손으로 여자를 제대로 애무할 수 있다.

278 시녀

부끄럼을 타는 여자는 택하기 힘든 체위다. 여자는 그저
두 다리를 최대한 벌린 채 가만히 누워 쾌락만 생각하면 되며,
남자는 여자의 몸을 음미하며 원하는 쾌락을 주면 된다.

퓨전 279

사타구니 부위가 서로 결합되어 있는 체위여서,
남녀 모두 몸이 하나로 계속 결합되어 있게
미묘한 쥐어짜기를 해야 한다.

280 새로운 발견

남자가 여자의 한쪽 다리를 들어 올려 삽입 각도를 맞추는 체위로,
남녀 모두 새로운 성감대를 발견하게 될 수도 있다.

핫스폿 슈퍼히어로 281

여자는 은밀한 부위를 활짝 열어젖힘으로써 슈퍼맨을 도와
자신의 모든 성감대를 자극하게 할 수 있다.

282 워터 슬라이드

이 체위에서 남자는 여자를 단단히 붙들어주어야 한다. 그래야
삽입 상태에서 제대로 피스톤 운동을 할 수 있으며, 여자의 체중을 떠받쳐주어야
오르가슴에 도달하기도 전에 여자의 두 팔에 힘이 풀리는 일이 없게 된다.

부드러운 포옹 283

이 체위에서 남자는 위아래로 펌프질을 하며 섹스를 즐기면서,
여자의 얼굴을 올려다보며 그녀가 느끼는 희열을 훔쳐볼 수 있다.
그러면서 남자는 이 체위를 계속 반복하고 싶어질 것이다.

284 개 애무

개처럼 뒤에서 삽입하는 이 체위는 남자의 성기 크기와 관계없이 할 수 있다. 그러니까 이 체위를 택할 경우, 섹스가 아무리 뜨겁고 격렬해도 삽입한 성기가 빠질 가능성이 없는 것이다.

가깝게 또 뜨겁게 285

이 혼합 체위에서는 뜨거운 눈 맞춤을 할 수 있으며,
동시에 격렬한 골반 마찰에 인한 쾌감도 놓치지 않을 수 있다.

286 네킹

이 체위에서 남자는 여자의 온몸을 애무하면서 성감대를 찾게 된다.
또한 여자는 스스로 자신의 은밀한 부위를 애무할 수 있는데, 남자가 여자의 목에 키스를 하고 핥고 살살 잘근거리면 클리토리스 자극이 훨씬 더 강렬해진다.

깊은 다이빙 287

이 전통적인 후배위는 삽입이 아주 빡빡한 체위다.
그러나 남자가 훨씬 더 깊은 물속으로 뛰어들고 싶다면,
여자의 히프를 잡고 자신 쪽으로 바짝 끌어당기면 된다.

288 짐볼 놀이

짐볼은 부드러운데다 쉽게 접근할 수 있어, 아주 괜찮은 섹스 의자 역할을 할 수 있다. 그러나 탄력성이 있으니 조심하라! 조심하지 않을 경우, 남자의 성기가 여자가 원하는 것보다 더 깊이 삽입될 수도 있다.

엉덩이 지그춤 289

여자의 엉덩이가 그대로 노출되는 이 체위에서는
여자의 몸이 남자의 손길을 애원하게 된다.

290 힘찬 발사

서로 반대 방향으로 당기는 데서 오는 긴장감 때문에 피스톤 운동에 스릴 넘치는 긴장감이 더해지게 된다. 두 사람이 최후의 발사 순간까지 참을 수만 있다면, 그야말로 폭발할 듯한 클라이맥스를 맛보게 된다.

들어 올려진 잭해머 291

잭해머라는 체위 이름이 모든 것을 말해준다. 예전 잭해머 체위에서는
남자가 삽입 속도와 깊이, 힘을 조절했다. 그러나 이 체위에서는
여자가 중간에서 남자를 맞이해 잭해머의 힘이 배는 더 강해진다.

292 벨리 댄서

이 짜릿한 체위는 남녀 모두에게 많은 흥분을 안겨준다.
여자가 부드럽게 히프를 돌려가며 문자 그대로 몸으로 유혹할 때,
남자는 편안하게 여자의 몸을 애무할 수 있다.

바닷가 모닥불 293

몸에 모래를 묻히지 않고 은밀한 장소에서 바닷가 기분을 내고 싶을 때 써먹기 좋은 체위다. 여자가 몸을 앞으로 숙여 두 다리를 잡음으로써 깨끗한 상태에서 섹스를 할 수 있다. 서핑을 즐기는 동안 남자는 여자를 꽉 잡아주어야 하며, 그러지 않을 경우 바닥에 머리를 박게 된다.

294 세계 최강

남자에게 강철 같은 두 다리와 의지가 있어야 하는 체위다.
안 그러면 여자를 안고 있다가 무릎에 힘이 빠져 떨어뜨릴 수도 있다.

지포스 295

이 후배위 체위에서는 여자의 지스폿을 바로 자극하게 된다.
그러나 남자의 움직임이 제한되어, 자유낙하하지 않으려면
남자 대신 여자가 펌프질을 해주어야 한다.

296 떠올라 빛나다

아주 쉬운 체위라 계속 써먹고 싶을 것이다. 삽입이 빡빡해
두 사람 모두 짜릿한 쾌감을 맛볼 수 있다. 이 체위에서 여자가 삽입 시
다른 느낌을 느끼고 싶다면 다리를 벌렸다 오므렸다 하기만 하면 된다.

발사 준비 완료 297

두 사람이 다리를 꽉 조이면 쾌감에 진저리를 치게 된다.
준비, 조준, 발사!

298 덫

이 체위에서는 남자의 성기가 자연스레 여자의 질 속 모든 성감대를 자극하게 된다. 그리고 여자는 남자 위에 앉아 사타구니를 꽉 조여 남자가 자신의 은밀한 부위를 마음껏 유린하게 내버려둔다.

벽으로 밀어붙이기 299

남자는 서 있고 여자는 앉아 있는 체위로,
여자가 온몸을 이용해 입을 앞뒤로 움직이며
오럴을 할 수 있어 목을 보호할 수 있다.

300 선교사

편하고 익숙하며 쉽게 입고 벗을 수 있는 낡은 청바지 같은 체위다.
피스톤 운동을 하면서 골반 근육들을 조였다 푸는
단순한 움직임만으로도 오르가슴에 도달하게 된다.

크랭크축 301

이 까다로운 체위로 밤새 모터를 돌리는 것은 어려울지 몰라도,
여자가 격렬하게 앞뒤로, 좌우로, 위아래로 흔들어대다 보면
여자의 엔진이 터지기 전에 두 사람이 먼저 폭발하게 된다.

302 68 자세

69 자세와 거의 비슷하지만 똑같지는 않은 체위로,
남녀 모두가 아닌 남자만 오럴을 한다. 여자는 말로 표현하기 힘든
쾌감을 즐기면서 남자가 달아오르는 것을 지켜보기만 하면 된다.

깊은 충격 303

운동 감각이 필요한 후배위로, 이 체위에서 남자는
천천히 신중하게 움직일 수 있으며 여자가 좋아하는 깊이만큼
삽입할 수 있다(두 다리에 힘이 있는 동안).

304 기울어진 탑

여자가 머리에 피가 몰리는 짜릿함을 맛보는 동안, 남자는 여자의 세계의 왕처럼 행세하게 된다. 여자는 골반에서부터 머리로 피가 몰리는데다 남자의 피스톤 운동으로 아찔할 정도로 기분 좋은 느낌을 받게 된다.

구부린 69 자세 305

엉덩이 쪽을 핥는 게 이상한 것은 아니다. 엉덩이에는 민감한 신경들이 많기 때문이다. 전형적인 69 자세에서 두 다리를 몸 위로 잔뜩 구부린 이 체위에서 남자는 여자의 엉덩이 부분을 마음대로 공략할 수 있다.

306 마사지

온천은 잊어라. 이 체위에서 여자가 자기 몸을 남자 쪽으로
밀었다 당겼다 하면 에로틱한 마사지를 하는 거나 마찬가지다.
여자가 마사지 이상을 할 준비가 될 경우, 두 사람은 자세를 바꿀 필요도 없다.

걸터앉기 307

아주 창의적이면서도 다소 까다로운 체위지만,
남자가 의자 등받이 쪽으로 여자를 밀어붙일 때
여자는 짜릿한 삽입감을 맛볼 수 있다.

308 편리한 69 자세

함께 오르가슴에 오르도록 노력하는 것도 좋지만, 한쪽이 일찍 오르가슴에 올라 이른 커튼콜을 받는 것도 나쁠 것은 없다. 다른 한쪽도 점점 절정으로 치달으며, 곧 훨씬 더 큰 소리로 앙코르를 외치게 될 것이다.

앉아 있는 고양이 309

변형된 이 CAT 체위에서 남녀는 서로 사타구니를 격하게 비벼대면서
짜릿한 쾌감에 절로 신음이 나오게 된다. 게다가 은밀한 부위가
그대로 드러나는 체위여서 여자 스스로 애무를 할 수도 있다.

310 매운맛

전통적인 남성 상위 체위에서 여자가 한쪽 다리를 들어 올리고
엉덩이를 조이는 등 조금만 적극적으로 움직이면 쾌감이 배가되어,
남자는 여자의 은밀한 부위에 사타구니를 들이밀며 살사춤을 추게 된다.

엑스 팩터 311

이 체위에서는 남자의 성기가 아래쪽으로 향하게 되어,
계속 여자의 은밀한 부위에 기분 좋은 압박을 가하게 된다.
그러나 남자가 제대로 리드하지 못하면 모든 게 엉망이 될 수도 있다.

312 전투기

여자는 베개나 쿠션으로 등을 떠받친 상태에서 모든 것을 남자에게 맡기면 된다. 남자는 여자의 히프를 움직여 은밀한 부위가 자신의 골반에 비벼지게 하면서, 여자와 함께 안전한 착륙을 시도하게 된다.

앉은 자리에서 넋이 나가다 313

의자를 이용한 체위 중 가장 쉬운 체위로,
남녀는 자유로운 두 손으로 쾌감에 민감한 상대의 젖꼭지를
애무할 수 있는 더없이 좋은 기회를 갖게 된다.

314 자전거 타기

친밀도가 높은 체위로, 여자는 자신의 은밀한 부위를
완전히 드러낸 채 남자의 시선을 그대로 받아들이게 된다.

바이브레이터 315

바이브레이터를 사용하면 분명 쾌감이 배가되지만, 그렇다고
여자의 은밀한 부위에만 써선 안 된다. 바이브레이터로 여자의 허벅지 안쪽
예민한 부위를 위아래로 자극하면 모든 게 술술 풀릴 것이다.

316 듀엣

남녀가 분리된 느낌이 들 수 있는 전통적인 후배위들과는 달리,
이 체위에서는 골반과 허벅지와 두 손이 서로 닿게 되어
훨씬 친밀하면서도 관능적인 느낌이 들게 된다.

뭐든 좋다 317

남자의 입장에서는 여자와 계속 눈 맞춤을 하면서 후배위나 항문 섹스를 시도할 수 있는 방법을 찾기가 쉽지 않다. 그러나 이 체위에서는 남자가 여자의 눈이 '예스'라고 하는 것을 확인한 뒤 후배위나 항문 섹스를 시도할 수 있다.

318 러브 펌프

이 체위에서는 남자의 두 다리가 열정의 지렛대처럼 쓰인다.
즉, 여자의 입장에서 남자의 두 다리를 높이 들어 올리면 골반 앞 부위에 힘을 받게 되고, 두 다리를 내리면 여자의 뒤를 받쳐줄 수도 있다.

파노라마 319

여자의 몸을 마음껏 보고 마음껏 애무할 수 있어 남자들이 좋아할 체위다.
여자의 히프가 뒤틀리고 가슴이 출렁이는 것을 지켜보노라면,
마치 고품격 포르노 영화가 눈앞에서 펼쳐지는 듯한 기분이 들 것이다.

320 꽃잎에 키스하기

오럴 섹스에 관해 대부분의 남자들이 잘못하고 있는 것은 바로 머리를 들이박고 심하게 혀를 놀리는 것이다. 이 체위에서는 여자가 남자를 적당히 제어해, 보다 가볍게 키스를 하고 보다 가볍게 핥게 함으로써 보다 달콤한 쾌감을 느낄 수 있다.

곡예사 321

하늘 높이 나는 듯한 이 체위에서는 균형을 잘 잡는 게 가장 중요하다.
그리고 오르가슴 이후의 추락에 대비해 안전망이 필요할지도 모른다.

322 큰 탄력

짐볼을 섹스 보조 도구로 사용하면 진저리 칠 듯한 쾌감을 맛볼 수 있다. 남자가 무릎을 꽉 조이고 앉아 있는 상태에서 여자가 마음껏 히프를 흔들면, 짐볼의 에로틱한 탄력까지 더해져 쾌감은 더욱 더 커지게 된다.

숙녀여, 누워! 누워! 323

남녀가 서로 시선을 맞출 수 없는 게 아쉽지만, 막상 섹스를 해보면
이보다 더 친밀하게 느껴지는 체위도 없다. 워낙 친밀해,
남자는 여자의 앞문을 이용할 수도 있고 뒷문을 이용할 수도 있다.

324 휘어진 스푼

한밤중에 써먹기 좋은 체위로, 두 사람의 꿈에 약간의 양념을 칠 수 있다.
두 사람이 침대에서 옆으로 포개지듯 누워 포옹을 하는 동안,
남자는 여자의 몸속으로 미끄러지듯 쉽게 삽입하게 된다.

행복한 손들 325

만일 여자가 섹스가 끝난 뒤 뭔가 아쉬워한다면,
남자는 망설임 없이 손을 움직여
여자의 갈증을 충족시켜주어야 한다.

326 돛대를 올려라

남자의 골반에 가해지는 압박감을 조금이라도 덜어주기 위해,
여자는 허벅지를 축으로 삼아 몸을 앞으로 조금 기울일 수 있다. 그 과정에서
여자의 두 손이 남자의 성기 쪽으로 내려온다 해도 남자는 전혀 불만이 없을 것이다.

위쪽으로 향한 개 327

여자가 등을 조금 휘게 하면 남자가 피스톤 운동을 할 때마다 극도로 예민한 여자의 질 앞쪽을 자극하게 되어, 이 기본적인 후배위 포즈가 그야말로 쾌감에 울부짖는 체위로 변하게 된다.

328 헤드록

이 체위에서 남자는 여자가 원하는 모든 것을 잘해주고
모든 욕구를 충족시켜주는 것이 좋다. 그렇지 않으면
여자의 강력한 헤드록에서 남자가 언제 풀려나게 될지 모른다.

아프로디테의 희열 329

많은 여성이 섹스 중 뭔가 도움을 주어야 한다는 생각 때문에
일종의 부담감을 느낀다. 그런데 사실 남자는 여자가
두 사람의 모닥불에 땔감을 보태는 모습만 봐도 활활 타오르게 된다.

330 꼼짝 말고 다 내놔

이 체위에서 남자는 상체를 뒤로 젖힌 채 여자의 몸을 꽉 잡고 피스톤 운동을 하는 것 외에는 별로 할 일이 없다. 반면에 여자는 두 다리를 벽에 댄 채 펌프질을 해 남자의 성기가 자신의 모든 성감대를 자극하게 할 수 있다.

음란한 후배위 331

남자가 여자의 엉덩이에 키스하기 좋은 체위다. 이 체위에서
남자가 손을 여자의 사타구니 사이로 집어넣어 민감한 부위를 애무한다면,
여자는 자비를 베풀어달라며 애원하게 될 것이다.

332 외바퀴 손수레 굴리기

남자가 두 다리로는 땅에 디디고 서 있고 두 손으로는 여자의 몸을 꽉 잡고 있어, 짐볼을 이용한 체위 중 가장 안전한 편에 속한다. 따라서 마구 흔들고 돌리고 굴리고 밀어붙이는 등 온갖 뜨거운 동작을 하는 데 더없이 좋은 체위다.

안장에 높이 걸터앉기 333

여자의 은밀한 부위가 갈망하는 자극을 받기 딱 좋은 각도의 체위다.
남자는 여자의 쾌감을 높여주기 위해
여자의 허벅지 사이로 손을 집어넣어 자극을 줄 수 있다.

334 머리 굽히기

운동 감각을 요구하는 체위로, 남자의 두 다리가 아주 튼튼해야 한다. 여자가 두 다리를 벌리고 있어 삽입하기는 쉽지만, 자세를 낮춰 제대로 삽입하려면 무릎을 굽힌 자세로 버틸 수 있어야 하기 때문이다.

하늘을 나는 선교사 335

이 체위에서는 피스톤 운동에 제약이 생긴다는 단점이 있지만,
아주 정교하고 깊은 삽입이 가능해 그런 단점은 상쇄되고도 남는다.

336 입에 발을

섹스를 하는 내내 여자의 발에 키스를 하고 혀로 마사지를 해주면 새 신발 한 짝을 사는 것보다 더 큰 오르가슴을 안겨줄 것이다.

기울이기 337

후배위 섹스는 대개 모든 게 남자의 손 또는 히프에 맡겨진다.
그러나 이 체위에서는 여자가 두 다리로 남자의 몸을 움켜쥠으로써,
삽입 속도와 깊이를 자기 뜻대로 조절할 수 있다.

338 Y에서의 정찬

여자의 두 다리 사이로 의자를 하나 끌어다 놓으면,
남자는 시내에서 가장 핫한 식당에서 점심을 먹을 수 있게 된다.
이 체위에서 남자는 자유로운 두 손과 손가락들을 활용해
여자의 온몸에 짜릿한 쾌감을 안겨줄 수 있다.

사탕 안 주면 장난칠 거야 339

이 체위에서 남자가 하는 장난은 평상시처럼 앞뒤가 아닌 위아래로 움직여,
살과 살이 부딪히는 쾌감을 만들어내는 것이다.
사탕은 물론 두 사람 모두가 느끼게 될 달콤한 기분이다.

340 흔들의자

이 체위에서 남자는 오로지 여자의 은밀한 부위만
공략하는 실수를 범하지 않고, 여자의 히프를 앞뒤로 흔들면서
혀로 여자의 은밀한 부위 주변을 구석구석 다 애무해줄 수 있다.

X자 자세 341

이 체위에서는 피스톤 운동을 하기 힘들다는 단점이 있지만,
서로 몸을 천천히 움직여 자극을 주면 그 단점은 상쇄되고도 남는다.

342 진화된 개

누구나 할 수 있는 체위는 아니지만, 극도로 에로틱한 이 체위를 택할 경우
여자는 좋아서 꼬리를 흔들게 된다. 물론 더 이상 참을 수 없다면 여자는 언제든
손을 아래로 내려 자위를 하거나 그대로 주저앉아 남자의 성기에 삽입을 할 수도 있다.

롤러코스터 343

이 체위를 택하면 여자는 쾌감에 비명을 지르게 된다.
또한 여자는 눈을 감고 남자의 피스톤 운동과
애무를 즐기면서 더 큰 스릴을 맛볼 수도 있다.

344 옆으로 살짝

사진처럼 남자가 옆으로 섹스를 하면 평소 자극하지 못하던 부위를 자극할 수 있다. 남자는 쾌감을 극대화하기 위해 큰 원을 그리는 동작과 아래위로 깊게 삽입하는 동작을 번갈아가며 할 수도 있다.

크루즈 컨트롤 345

사진처럼 여자가 위에 올라앉아 스스로 페이스를 조절하는 것을 좋아한다고 해서 남자가 아무것도 하지 않고 즐기려고만 해서는 안 된다. 남자가 여자의 히프를 잡고 부드럽게 밀었다 당겼다 하면서 도와주면 기분이 두 배는 더 좋아질 것이다.

346 플라밍고

침대에서 섹스를 한다고 해서 여자가 좋아하는 말타기 자세를 포기해야 하는 것은 아니다.
이 체위의 경우 한쪽 다리로 바닥을 짚고 있어 움직임이 자유롭지는 않지만,
은밀한 부위들은 여전히 큰 자극을 받게 될 것이다.

남자가 물속으로 347

더없이 편안한 이 체위에서는 남녀 모두 힘들게 움직일 필요가 없다. 정신이 아득해질 정도의 쾌감을 얻기 원한다면, 여자가 바닥을 딛고 있는 두 발을 리드미컬하게 올렸다 내렸다 하면 된다.

348 스피드 레이서

여자가 직접 운전석에 앉아 주도권을 쥐고,
육체적 쾌락에 집중하게 만든다.
남자가 절정으로 이끌 때까지 기다릴 필요가 없다.

더치 프레첼 349

두 사람은 네덜란드 암스테르담에서는 섹스 도중 어떻게 몸을 뒤틀어
애를 태워야 하는지 잘 안다. 남자가 사진처럼 몸을 약간 뒤틀어 삽입할 경우
평소 닿기 힘들었던 부위들을 자극할 수 있을 뿐 아니라, 여자의 상체가
약간 휘어져 서로 친밀하게 마주 보며 섹스를 즐길 수도 있다.

350 수동 제어

사진처럼 여자가 몸을 뒤로 젖혀 체중을 두 팔에 싣고 있을 경우,
남자는 자유롭게 여자의 온몸을 연주할 수 있어 아주 만족스러운 성찬을 가질 수 있다
(그리고 여자가 평소 팔 운동을 할 경우 이 체위를 써먹을 수 있어 보람 있을 것이다).

지스폿 스트라이커 351

여자의 두 다리를 높이 들수록 남자가 여자의 지스폿까지 삽입할 수 있는 가능성도 커진다. 게다가 이 체위에서는 짐볼의 탄력까지 더해지는데, 짐볼의 탄력에서 오는 자극은 발기된 성기의 자극만큼이나 강렬하다.

352 스포트라이트

여자는 위에 올라타 모든 것을 노출하고 통제 불능 상태가 되므로,
노출을 즐기는 여자에게는 더없이 좋은 체위다.

엉덩이 희열 353

이 체위에서 여자가 남자의 애를 태우고 싶다면,
엉덩이를 아래위로 살살 흔들면 된다.
그러면 남자는 엄청난 오르가슴을 맛보게 될 것이다.

354 소울 사이드

사랑을 나누는 연인 사이에 이보다 나은 체위가 있을까?
이 체위에서는 남녀가 바싹 붙어 끌어안고 있음으로써
더없이 멋진 분위기에서 천천히 로맨틱한 섹스를 즐길 수 있다.

짐볼에서 벽까지 355

짐볼 위에서는 약간씩 움직이는 게 가능해,
여자가 벽을 짚은 두 손을 위아래로 조금씩만 움직여도
몸의 각도를 삽입하기 가장 좋은 각도로 변화시킬 수 있다.

356 다리를 올리고 편하게

여자의 두 다리를 오므린 채 높이 올리고 있으면,
남자의 입장에서 더 빡빡한 삽입이 가능하며
여자가 원하는 자극을 더 오래 줄 수 있다.

뒤로 휜 자세 357

여자가 이 체위를 오래 유지하기는 쉽지 않다. 왜냐하면 팔에 힘이 빠져 자세를 유지하기 힘들기도 하고, 피가 골반에서 머리로 쏠리는데다 남자의 오럴까지 더해져 정신이 아득해지기 때문이다.

358 거꾸로 선교사

두 다리를 오므리고 있음으로써, 분명 여자가 모든 것을 이끄는 체위다. 여자는 남자의 성기를 기분 좋게 꽉 조이면서 동시에 자신의 은밀한 부위를 남자의 부위에 밀어댄다.

휘저어 버터 만드는 기계 359

남자는 여자의 한쪽 다리를 앞뒤로 움직이면서 성기가 서서히 조여지는 느낌을 맛보게 되고, 여자는 남자의 손을 통해 또 다른 자극을 받게 되며, 그 결과 두 사람은 뜨거운 절정에 이르게 된다.

360 운전자

몸은 아래쪽에 있지만, 실질적으로 섹스를 주도하는 것은 여자다. 골반을 들어 올림으로써 남자의 피스톤 운동 속도와 타이밍을 여자가 좌지우지할 수 있기 때문이다.

포탄 361

이 고급 체위는 중력의 힘 덕에 성공할 수 있다. 게다가
여자의 두 다리가 들어 올려져 남자는 더 빡빡한 삽입을 할 수 있으므로,
두 사람은 크게 움직이지 않고도 오르가슴에 오를 수 있다.

362 파워 볼

남자는 두 발을 넓게 벌린 채 앉아 있고 여자는 두 손으로 바닥을 짚고 있어 자세가 아주 안정적이다. 덕분에 두 사람은 과감하게 움직이는 게 가능하며, 몸을 격하게 돌리면서 짐볼의 탄력을 최대한 이용할 수 있다.

기울어진 여자 363

이 체위에서 남자는 뒤에서 삽입하면서도
서로의 상체와 환희에 찬 얼굴을 마주 보며 섹스를 할 수 있다.

364 1석 3조

이 체위에서 남자는 여자의 은밀한 부위를 한쪽 다리로 눌러 자극하고 손가락으로 애무하는 동시에 다른 한 손으로 여자의 가슴을 애무할 수 있으며, 그 결과 여자는 자신도 모르게 신음을 토해내게 된다.

위에서 넣기 365

여러 상황에서 두루 쓸 수 있는 편한 체위로, 남자는 성기를 여자의 은밀한 부위에 깊이 삽입한 상태에서 허벅지 부위를 누름으로써 여자에게 꽉 찬 느낌을 줄 수 있다. 여자의 뭉클한 가슴이 자신의 가슴에 부딪치는 에로틱한 느낌은 보너스다.